2판

실험조리

정복미 · 정난희 · 안정희 · 김미혜 · 박재희

창지사

머 / 리 / 말

제4차 산업혁명시대가 도래하여, 3D 프린터로 음식을 만드는 등 AI(인공지능)를 통한 푸드 테크(Food Tech) 전성시대를 맞이하고 있습니다. 메뉴 개발은 이미 기계에 의존하는 시대가 되고 있으며, 음식은 점점 더 간편함과 편리함 그리고 건강함이 요구되고 있습니다. 또한, 세계는 이미 하나가 되어 동서양의 음식과 맛의 교류가 활발해지고 퓨전화되고 있어 소비자 기호도 충족 욕구 역시 커지고 있습니다.

실험조리는 여러 가지 식재료의 과학적 특성을 이해하고, 조리 과정을 통하여 물리적·화학적 변화를 관찰하며, 관능평가와 통계 분석을 통하여 식품과학의 이론을 확인하고 검증함으로써 소비자의 기호에 맞는 조리 능력을 배양하는 응용과학이자 실용학문입니다. 다양화되고 빠르게 변화하는 소비자의 욕구와 기호에 맞는 음식을 개발하기 위해서는 조리 시 물, 열, 첨가물 등의 역할에 따른 식품의 변화를 직접 체험하여 유사한 반응을 예측하고 새롭게 만들어 보는 창의성을 배양할 필요가 있습니다.

본서는 총 13장으로 이루어져 있으며, 조리원리의 기본 이론을 체계적으로 학습할 수 있도록 실험조리의 기초, 관능검사 및 평가, 곡류, 밀가루, 두류, 당류, 육류, 어패류, 난류, 우유, 채소와 과일, 한천과 젤라틴, 유지류로 나누어 구성하였습니다. 각 장은 이론과 실험 부분으로 구성되었으며, 이론 부분은 실험에서 검증하고자 하는 식품의 조리 과정 시 중요한 변화로 최소화하였으며, 실험 부분은 각 장마다 다양한 실험을 수록하여 현장에 맞는 선택권을 강화하였습니다. 특히, 실험 부분은 활동지 형태로 편집하여 실험결과를 바로 기록하게 하였고, 실험의 이론과 결과를 비교 분석하여 바로바로 실험고찰을 작성하여 결과보고서로 활용할 수 있게 하였습니다.

물을 어느 그릇에 담느냐에 따라 모양이 제각각 달라지듯이 실험조리에서도 어떤 재료로 어떤 실험을 하느냐에 따라 학생들의 흥미를 유발할 수도 있고, 그 실험을 바탕으로 새로운 실험을 도출할 수도 있을 것입니다. 실험은 역동적이고 창의적이며, 도전정신을 불러올 수 있다고 봅니다.

본서는 저자들이 오랫동안 실험조리에 관한 강의와 실습했던 내용 중에 꼭 필요한 이론과 실험 내용들을 정리하여 대학에서 식품영양학, 조리과학을 전공하는 학생은 물론 조리사, 영양사 등 현장 실무자들에게도 활용할 수 있기 쉽게 집필하였습니다.

마지막으로, 기나긴 시간 동안 본서가 빛을 볼 수 있도록 오래 기다려 주시고 배려와 지원을 해 주신 창지사 김기섭 사장님을 비롯한 편집부 여러분과 집필에 많은 도움을 주신 분들에게 감사의 인사를 드립니다.

2023년 2월

저자 일동

목 / 차

실험실 안전관리

1. 사고는 늘 일어날 수 있다는 생각으로 경각심을 가지고 실험에 임한다.
2. 실험 전에 실험목표를 정확히 인지하고, 의문이 있으면 즉각 질문한다.
3. 실험실은 항상 청결하고, 정리 정돈 상태를 유지해야 한다.
4. 실험안내서의 절차나 선생님의 지시에 따라 기구를 사용하도록 한다.
5. 어떠한 사소한 사고나 실험기구의 파손이라도 선생님께 즉시 알린다. 또 오류라고 생각되는 것도 보고한다.
6. 실험장치 주변에는 필요 없는 책이나 물건을 두지 않는다.
7. 실험실에서는 장난을 치지 않으며, 정숙하고 진지한 분위기에서 실험에 임하도록 한다.
8. 비상시 행동요령을 숙지해야 한다.
9. 실험실에서는 흡연, 음식 섭취, 놀이 등을 해서는 안 된다.
10. 기구를 깨뜨렸을 때 맨손으로 수은이나 유리 조각 등을 만지지 않도록 하며, 선생님의 지시에 따라 뒤처리를 하도록 한다.
11. 뜨거운 실험기구를 만질 때에는 반드시 집게나 지정된 헝겊을 사용하도록 한다.
12. 실험 실습 시에는 안전보호구를 착용해야 한다.
13. 소화기 사용법을 숙지하고, 충약 여부를 확인해야 한다.
14. 실험기기가 가동 중이거나 실험 중에는 절대 자리를 비우지 않는다.
15. 실험기기는 전용전원선을 사용하도록 하고 문어발식 전원콘센트를 사용해서는 안 된다.
16. 위험물질 보관 장소에는 물질 구분 및 등급을 표시한 안전표지판을 부착해야 한다.
17. 실험약품은 외부 충격에 흔들리거나 약품 병이 떨어지지 않도록 보관해야 한다.
18. 대부분의 시약은 유독하므로 함부로 맛을 보아서는 안 되며, 시약의 냄새를 맡고자 할 때에는 손으로 부채질하듯 끌어당겨 소량만 맡는다.
19. 쓰고 남은 시약은 원래의 시약병에 다시 넣지 말고, 폐기 시약이나 실험 폐기물은 반드시 지정된 폐기물 용기에 모아 처리해야 한다.
20. 흄후드, 실험대, 배기시설, 세면대, 실험 싱크대, 폐수 배관 등의 정기점검을 실시해야 한다.
21. 실험이 끝나면 시약, 기구를 원래 위치에 정리하며, 수도꼭지, 전원, 가스 밸브의 개폐 여부를 확인하는 등 안전점검을 철저히 하고 실험실의 최종 퇴실자는 책임자 또는 교사여야 한다.

CHAPTER 01

실험조리의 기초

1. 실험조리의 기초

1) 실험조리의 개념

- 식품의 전처리, 가열, 숙성, 발효 등 여러 조리 단계에서 일어나는 식품의 성분, 조직, 물성의 변화 등을 과학적으로 연구하는 학문 분야이다.
- 여러 가지 식품 재료의 성분과 특성, 조리 과정에서 일어나는 맛, 색, 질감, 향미, 영양소 등 물리 · 화학적 변화를 관찰하는 학문 분야이다.
- 조리원리 및 조리과학을 바탕으로 이론을 실생활에 적용 및 응용시킬 수 있는 광범위한 학문 분야이다.
- 단지 식품영양학에 대한 지식뿐만 아니라 생물학, 화학, 물리학, 통계학 등 복합적인 융합학문의 영역이다.
- 현재까지의 실험에서 계속 새롭고 발전된 방향으로 나아가기 위한 음식 개발을 위한 도전적인 학문 분야이다.

2) 실험실 및 조리실에서 유의할 사항

(1) 조용히 할 것

- 조리실은 불과 물, 칼, 도마 등 각종 조리기구를 다루어 시끄러워지기 쉬운 장소이므로 가능한 한 조용히 하도록 한다.
- 실험에 집중하면 실험결과의 정확도가 높아지고, 안전하게 실험을 종료할 수 있다.

(2) 수업 진행

- 실험 시작에 앞서 실험의 목적, 방법, 주의사항 등을 설명한다.
- 실험에 필요한 재료와 도구를 미리 점검하고, 재료는 각 조별로 미리 배분하

여 나눠 준다.

- 학생들이 실험 도중 이해되지 않는 부분이나 힘든 부분은 즉시 질문을 통하여 해결하도록 한다.

(3) 화기 및 기구 다룰 때 조심

- 가스나 전기를 켤 때는 실험대 주변에 인화성 물질이 있는지 살피고, 흰 가운을 입을 때는 팔 부분을 걷어서 옷에 불이 붙거나 식품 재료에 옷이 닿지 않도록 한다.
- 기름을 가열할 경우 튀김 기름에 물이 들어가면 펑 튀면서 화상을 입을 수 있으므로 기름을 사용할 경우 특히 조심한다. 가벼운 화상을 입었을 경우에는 찬물에 화상 부분을 담가 식힌 후 화상연고를 바르고 일회용 밴드를 붙이며, 심한 화상은 즉시 병원으로 가는 것이 좋다.
- 화재가 발생한 경우에는 당황하지 말고 즉시 소화기를 이용하여 불을 끈다. 신체나 옷에 불이 붙었을 경우 바닥에 누워 뒹굴어서 불을 끄는 것이 좋다.

(4) 베이거나 다쳤을 경우

- 실험실이나 조리실에는 학생들이 다칠 것을 대비해 사전에 연고, 소독제, 일회용 밴드 등을 비치하여 둔다.
- 칼이나 유리기구, 사기그릇 등이 떨어질 때 잡으려고 하지 말고 피하는 것이 좋다.
- 칼이나 유리기구에 가볍게 베었을 경우 상처에 적절한 연고를 바른 후 일회용 밴드를 붙인다.
- 상처가 심각한 경우 보건소나 병원에 바로 데려가도록 한다.

(5) 시약이나 약품이 피부에 닿았을 경우

- 산 · 알칼리 · 유해성 약품이 피부에 닿았거나 눈에 튀었을 경우 약 20~30분 동안 흐르는 물에 잘 씻어 낸 후 적당한 방법으로 처치한다.

(6) 실험 후 정리 정돈

- 실험에 사용한 모든 기구 및 도구는 깨끗이 씻어 건조시킨 후 제자리에 정리 정돈한다.
- 행주는 깨끗이 빨고 삶은 후 말리고 잘 보관하여 다음 시간에 사용한다.
- 남은 재료는 분리수거를 하여 위생동물이 번식하지 않도록 바로 처리하고 쓰레기통은 깨끗하게 관리한다.
- 실험대와 개수대는 깨끗이 닦고, 음식물 쓰레기는 지정된 장소에 버린다.
- 실험 마지막에는 항상 수도, 가스, 전원 차단 등을 점검하여 물 낭비, 화재 예방에 대비한다.

(7) 기타

- 실험실 및 조리실에서는 안전을 위하여 흰 가운을 착용한다.
- 긴 머리는 묶어서 단정히 정리하며, 위생 모자를 쓰는 것이 좋다.
- 실험을 하는 동안 가능한 한 편한 신발을 신고, 발등이 노출되는 경우 다칠 위험이 있으므로 발등을 덮을 수 있는 운동화나 안전화를 착용한다.
- 실험 중 손잡이가 있는 냄비를 사용할 경우 손잡이를 항상 안쪽으로 위치하게 하여 걸리지 않도록 주의한다.
- 메스실린더, 유리기구, 온도계 등 깨지기 쉬운 기구는 실험대 안쪽으로 놓아 안전하게 사용한다.

(8) 실험 후 보고서 작성법

- 실험 시작 전 실험목적, 방법, 실험기구 및 시약 등을 책으로 설명하거나, 프린트 및 파일로 제공할 수 있다.
- 실험 후 보고서 작성 시 순서

  ① 제목

  ② 실험목적

  ③ 실험재료 및 분량

  ④ 실험기구, 기기 및 시약

  ⑤ 실험방법

  ⑥ 결과 및 고찰

  ⑦ 참고문헌

    - 책: 저자, 연도, 제목, 출판사, 인용 페이지
    - website: 저자, 제목, 사이트 주소, 접속 날짜
    - 학회지(논문): 저자, 연도, 논문 제목, 학회지명, 권(호), 인용 페이지

- 날씨, 온도 등에 따라 실험에 영향이 있을 수 있으므로 실험보고서에 실험 날짜, 실험일의 날씨와 온도 등을 함께 기록하면 도움이 된다.
- 실험을 하는 동안 그 과정을 계속 관찰하면서 기록해 두는 것이 실험보고서 작성 시 도움이 된다.
- 실험 후에는 느낀 점이나 수집 자료를 바로 기록하여 보고서를 작성하면 좋다. 시간이 지난 후 보고서를 작성하게 되면 기억이 나지 않아 정확한 보고서를 작성하는 데 어려움이 있다.
- 고찰의 경우 실험결과가 잘 나오거나 실패한 경우 참고문헌을 이용하여 실험결과에 대한 이론의 뒷받침할만한 배경을 자세히 기록하고 실패한 이유, 본인의 의견 제시나 느낀 점 등을 기록하도록 한다.

2. 조리과학 실험에 사용하는 여러 가지 기기 및 도구

명칭	형태	용도/기타
pH paper	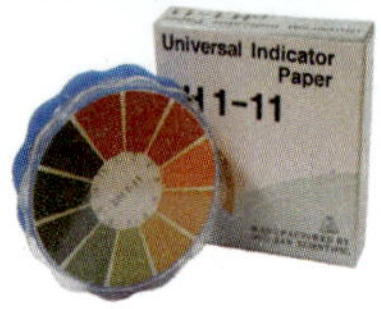	pH를 알 수 없는 검액에 담가 대략의 pH 측정한다. pH 1 간격의 변색표가 pH 11까지 표시되어 비교할 수 있다.
pH meter	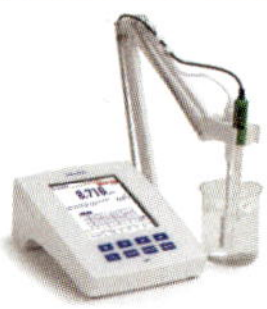	pH 값을 정확하게 측정하고자 할 때 사용한다. 직접 전위차법을 이용하여 용액 중의 수소이온 농도를 분석하는 장치이다.
mixer		불린 쌀이나 생선살 등 여러 가지 재료를 갈거나 혼합하는 데 사용한다
반죽기		난백을 거품 내거나 머랭 제조 등 제과 제빵 시에 사용한다. 속도를 단계별로 조절할 수 있다.
블렌더	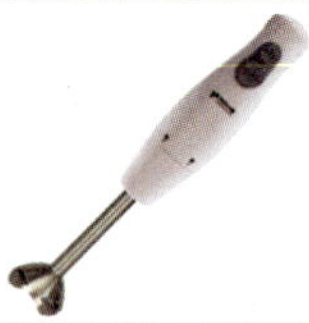	수분이 풍부한 채소와 과일을 간편하게 갈 수 있어 편리하다. 마요네즈 소스 제조 시에도 사용한다.
디지털온도계 (탐침온도계)	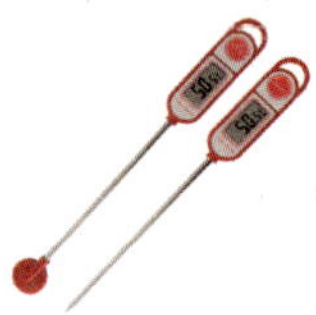	스테이크의 내부 온도 측정이나 당의 조리 시 온도 측정에 편리하다.
성형 틀		두부나 묵 성형 시 사용한다.

명칭	형태	용도/기타
염도계	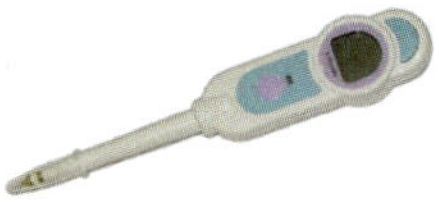	액체 음식의 염도 측정 시 사용한다. 디지털식으로 선보여 국물에 넣으면 바로 염도 수치가 나온다.
당도계	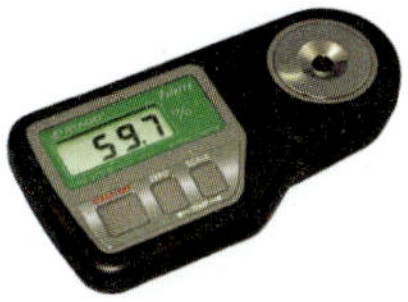	여러 가지 식품의 당도 측정 시 사용한다.
보온밥솥		전분의 당화 실험에 이용한다.
착즙기		주로 오렌지류, 레몬즙을 짜는 데 사용한다.
여과지		주로 여과시키는 역할을 한다. 깔때기 크기에 따라 다양하게 사용할 수 있다. 난백 실험, 우유 실험 등에 사용한다.
면 행주 또는 베 보자기		두부 제조 또는 식품의 물기 제거, 찜 요리 등에 주로 사용한다.
비커		용액 제조 시 많이 이용한다. 액체를 담거나 액체를 옮길 때 사용한다. 용량은 50 mL부터 1 L까지 다양하므로 용도에 맞게 선택하면 된다. 재질도 유리, 스테인리스스틸, 플라스틱 등 다양하다.
메스실린더		주로 액체를 측정하며, 작은 고체의 부피를 측정할 때도 사용할 수 있다. 용량은 10 mL부터 2 L까지 다양하다. 재질은 유리, 플라스틱 등 다양하다.

명칭	형태	용도/기타
깔때기 (funnel)		한 용기에서 다른 용기로 액체 등을 옮기기 위해 사용한다. 여과지(거름종이) 등을 이용하여 불순물을 제거하는 데 이용한다. 재질은 유리, 플라스틱, 스테인리스스틸 등 다양하다.
저울	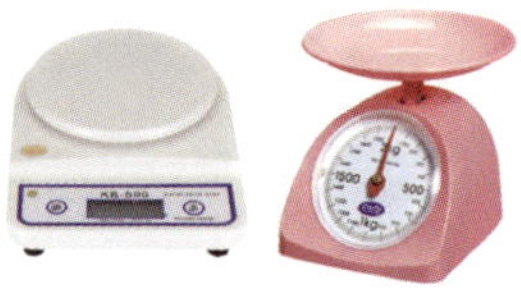	눈금저울, 전자저울 등이 있으며, 1 g 단위로 5 kg까지 측정 가능하다.
계량컵, 계량스푼	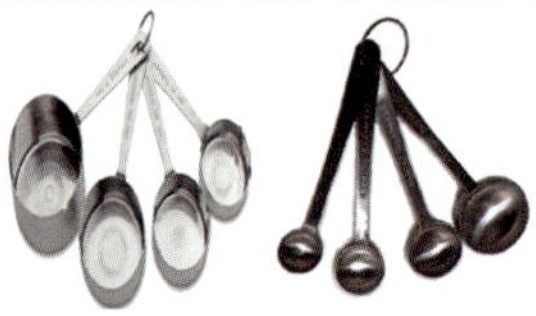	계량컵: 국물 등 많은 양의 액체나 밀가루 등 가루 양을 측정한다. 계량스푼: 소량으로 넣는 양념 및 조미료의 양을 측정하는 데 유용하다.
타이머		정해진 시간을 정확하게 측정하기 위해 사용한다.
밀대		쿠키, 캔디 등 일정한 두께의 제품을 만들 때 편리하게 사용한다.
나무 주걱		냄비 바닥에 눌어붙지 않도록 저을 때 주로 사용한다. 두부 제조나 캔디 제조에도 사용한다.
스패출러		재료를 혼합하여 섞거나 형태를 마감할 때 사용한다.
자	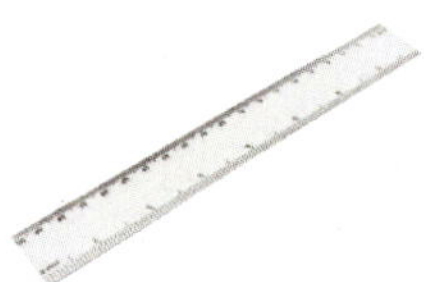	길이나 두께를 측정할 때 사용한다.

3. 계량

계량은 재료를 경제적으로 사용하고 계획적인 조리를 하기 위한 조작 방법 중 하나로서 조리를 하는 데 가장 기본적인 조작이다. 계량을 어떻게 하느냐에 따라 음식의 맛과 질이 달라지므로 가장 중요한 과정이라고 할 수 있다. 정확한 계량을 하기 위해서는 적합한 계량기구를 사용하여야 하며, 올바른 사용 기술을 습득해야 좋은 질의 음식을 일관성 있게 계속 만들 수 있다.

1) 계량 목적

- 경제성: 알맞은 분량의 음식을 준비하여 낭비를 최소화할 수 있다.
- 환경오염 방지: 음식물 쓰레기를 최소화할 수 있다.
- 표준화: 정확한 계량을 통하여 일정한 음식의 맛을 유지할 수 있다.
- 조리의 과학화: 조리의 능률을 향상시킬 수 있다.

2) 계량기구의 종류

(1) 무게 측정

- 일반저울(아날로그 방식): 저울은 안정되고 수평인 곳에 놓고 사용 전에 반드시 영점을 맞춘 후 식품은 저울의 중앙에 놓고 정면에서 눈금을 읽는다.
- 전자저울(디지털 방식): 저울을 수평이 되도록 조절한 후 전원을 켜고 영점 확인 후 식품을 저울의 중앙에 놓고 숫자를 읽는다.

(2) 부피 측정

❶ 계량컵(1 C = 200 mL)

1 C, 1/2 C, 1/3 C, 1/4 C가 따로 한 조로 되어 있거나, 2/3 C, 3/4 C도 있으며, 1 C

안에 1/2 C, 1/3 C, 1/4 C의 눈금이 표시되어 있는 컵도 있다. 많은 양의 액체는 계량컵으로 측정하는 것이 좋으며, 눈금을 읽기 쉽게 속이 비치는 투명한 재질로 만든 것이 좋다. 계량컵의 재질은 파이렉스, 플라스틱, 스테인리스스틸 등 여러 종류가 있다.

❷ 계량스푼

계량스푼은 1큰술(15 mL), 1/2큰술(7.5 mL), 1작은술(5 mL), 1/2작은술(2.5 mL)로 구성되어 있다. 양념 및 조미료 등을 잴 때 자주 사용한다.

- 1큰술 = 1 Table spoon = 1 Ts = 15 mL
- 1작은술 = 1 tea spoon = 1 ts = 5 mL = 1/3 Ts

3) 계량법

액체 식품을 제외한 대부분의 식품은 부피를 재는 것보다 무게를 재는 것이 더 편리하다.

(1) 액체 식품

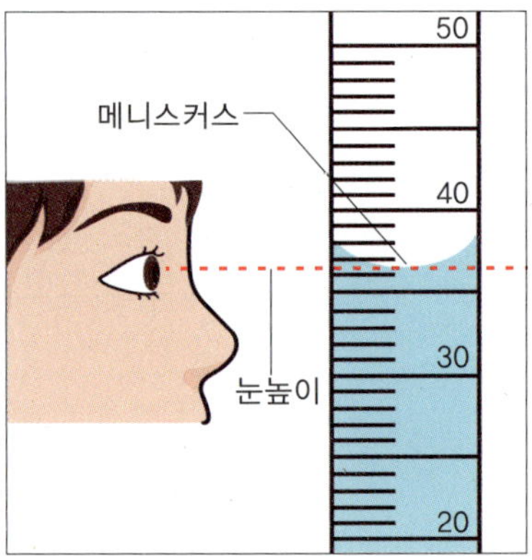

[그림 1-1] 메스실린더의 눈금(메니스커스) 읽는 법

액체 식품으로는 물, 우유, 간장, 기름, 꿀, 물엿 등이 있으며, 가정에서는 투명한 파이렉스 유리제로 만들어진 계량컵을 이용하는 것이 편리하다. 실험실의 경우 메스실린더를 사용하는 것이 편리하며, 측정 시 액체가 흔들리지 않게 반드시 편평한 장소에서 측정해야 한다. 용량을 재기 위해 눈금을 읽을 때는 눈높이를 메니스커스 밑선과 동일하게 하여 눈금을 읽는다(그림 1-1). 기름, 꿀과 같이 점도가 있는 액체

는 고무 주걱으로 잘 긁어 옮겨야 오차를 줄일 수 있으며, 계량스푼으로 액체를 계량할 경우 스푼 가장자리에 넘치지 않을 정도까지 찰랑찰랑하게 담는다. 즉, 표면 장력으로 약간 볼록하게 부풀어 오른 상태가 정확한 양이다.

(2) 밀가루

입자가 미세한 재료이므로 저장하는 동안 눌려 용량이 줄어들기 때문에 계량하기 전에 반드시 체에 친 후 계량컵에 수북이 담고 직선으로 된 칼등이나 스패출러(spatula)로 수평으로 깎아서 계량한다. 이때 계량컵은 스패출러로 깎을 수 있는 플라스틱이나 스테인리스스틸로 된 컵을 사용하는 것이 좋다. 단, 퀵 브레드(quick bread)나 이스트 빵용 밀가루나 통밀가루 등은 체에 치지 않고 잘 휘저어 가볍게 한 후 계량한다. 계량스푼을 이용할 경우 스푼 가득 담은 후에 스패출러로 표면을 편평하게 깎아 냈을 때의 양이 정확하다.

(3) 설탕

백설탕은 덩어리가 없도록 휘저은 다음 계량한다. 황설탕이나 흑설탕은 설탕 입자 표면이 끈끈하여 서로 붙어 있으므로 계량한 후 엎었을 때 계량컵의 모양이 그대로 생길 만큼 꼭꼭 눌러 담은 후 수평으로 깎아서 계량한다.

(4) 달걀

일반적으로 중란을 기준으로 개수로 나타낸다. 중간 크기 달걀은 60 g 정도이다. 달걀 1/2개는 약 2큰술 정도이다. 경우에 따라 계량컵이나 계량스푼 단위로 표시되어 있을 경우 달걀을 깨뜨려 난백과 난황, 또는 전란을 잘 섞은 다음 무게는 저울로 측정하고, 부피는 메스실린더로 계량한다.

(5) 고체 지방

버터, 마가린, 쇼트닝, 라드 등이 있다. 저울로 중량을 측정하는 것이 정확하나 용량으로 측정할 때는 실온에 두어 부드러워졌을 때 계량컵에 눌러 담은 후 수평으로 깎아서 계량한다. 다른 그릇에 옮길 때 부드러운 스패출러로 잘 긁어 옮겨야 오차를 줄일 수 있다. 1파운드(450 g)의 버터 또는 마가린은 2컵, 1/2파운드는 1컵, 1/4파운드는 1/2컵이다.

(6) 곡류

쌀, 콩, 팥 등이 있다. 컵에 가득 담아 살짝 흔들어 윗면이 수평이 되도록 한 후 스패출러로 깎아 계량한다.

[그림 1-2] 스패출러로 표면을 편평하게 하는 모습

(7) 기타

- 된장, 고추장, 다진 고기 등: 계량기구에 꼭꼭 눌러 담아 빈 공간이 없도록 채워서 윗면을 수평이 되도록 깎아 계량한다.
- 견과류, 채소나 과일 다진 것, 건포도, 치즈 간 것: 누르지 말고 가볍게 담아 계량한다.
- 베이킹파우더, 중조, 소금, 향료 등: 적은 양을 측정할 때는 덩어리지지 않도록 잘 저어서 수북이 담은 후 수평으로 깎아서 계량한다.

4) 종자치환법(씨앗대용법)

측정하고자 하는 식품을 메스실린더에 직접 넣어서 계량하기 힘들거나, 조직이 불균형하거나 물에 대한 흡수율이 높은 식품의 부피를 측정하는 방법이다. 종자치환법을 이용할 때는 재료에 종자(씨앗)가 달라붙지 않도록 하는 것과 좁쌀, 참깨 등 알갱이가 작은 것을 주로 이용하여 공극률(알갱이와 알갱이 사이의 빈 공간)을 최소로 하는 것이 중요하다. 이때 크기가 작은 곡물일수록 빈 공간이 적게 만들어지기 때문에 더욱 정확한 부피를 잴 수 있다.

※ 세상에서 제일 작은 곡물, 테프(Teff)를 이용해 보자!

출처: http://peterjuninfo.com/teff/

〈표 1-1〉 계량기의 표준량 (단위: g)

식품명 \ 계량기	1큰술	1컵	식품명 \ 계량기	1큰술	1컵
물	15	200	설탕	9	150
우유	17	230	소금	18	210
간장	17	230	꿀	12	290
밀가루	8	100	기름	13	180

4. 조리와 열

1) 열

열은 뜨거운 물체에서 차가운 물체로 흘러가는 에너지의 다른 형태이다.

(1) 열에 의한 식품의 변화

식품에 열을 가하면 생기는 물리적 변화로는 호화, 연화, 젤라틴화가 있으며, 화학적 변화에는 캐러멜화, 갈색화, 덱스트린화가 있다.

(2) 열의 전달방법

식품으로 열이 전달되는 방법으로는 전도, 대류, 복사가 있다. 열이 전달되는 속도는 복사 〉 대류 〉 전도 순이며, 반대로 보온성은 복사 〈 대류 〈 전도 순이다.

① 전도는 열이 물체를 따라 온도가 높은 곳에서 낮은 곳으로 전달되는 방법이다. 냄비 속 물에 잠긴 식품이 조리되는 순서는 냄비 → 물 → 식품 표면 → 식품 내부로 반복해서 열이 전달되어 식품이 조리된다. 이때 용기는 무쇠나 알루미늄을 사용하면 열을 균일하게 전달할 수 있다.

② 대류는 유체(기체나 액체)를 통해 주위로 열이 전달되는 방법으로 공기, 물, 기름을 가열하면 더운 공기는 위쪽으로 올라가고, 찬 공기는 아래쪽으로 내려가는 흐름이 형성되면서 공기, 물, 기름의 온도를 높인다.

③ 복사는 열전달 매체 없이 직접 물체에 전달되는 방법이다. 예로는 숯불구이, 브로일링, 토스팅, 김구이 등의 직화구이가 있다. 사용하는 용기의 표면이 거칠고 어두운색일수록 열을 많이 흡수하고, 식품의 표면 → 전도 → 식품의 안쪽을 통해 열이 이동된다.

(3) 열전달 매체

식품을 가열 조리 시 열을 전달하는 매체로 물, 공기, 수증기, 기름이 있다.

❶ 물

물은 삶기, 끓이기, 데치기 등 습열 조리 시 열전달 매체이며, 식품은 공기보다 물속에서 더 빨리 가열하므로 공기보다 좋은 전도체이다. 열(가스, 전기 등)은 냄비를 통해 물에 전달되고 다음으로 식품에 전달된다. 순수한 물의 끓는점은 대기압 상태에서 100℃이며, 기압이 낮아지면 끓는점이 낮아지므로 고도가 높은 지역이나 고산지대에서는 압력밥솥을 이용하거나 뚜껑에 무거운 돌이나 물건을 올려놓고 조리하는 것이 효과적이다. 물에 다른 물질(소금, 설탕 등)이 용해되어 있으면 끓는점이 높아진다.

❷ 공기

공기는 굽기, 로스팅, 브로일링 등 건열 조리 시 열전달 매체이다. 공기는 물이나 기름에 비해 비열이 낮으므로 열전달 속도가 느려 조리 시간이 길어진다.

❸ 수증기

수증기는 찌기와 같은 습열 조리 시 열전달 매체이며, 식품은 수증기보다 온도가 낮으므로 수증기가 식품 표면에서 응축되어 물이 되면서 열을 방출하게 되고 그 열이 식품에 전달되어 가열된다.

❹ 기름

기름은 볶기, 부치기, 튀기기 등 건열 조리 시 열전달 매체이다. 물보다 끓는점이 높으므로 열전달 속도가 빠르고 조리 시간이 단축된다.

〈표 1-2〉 열전달 방식과 열전달 매체

열전달 방식	열전달 매체			
	공기	물	수증기	기름
전도		○	○	○
대류	○	○	○	○
복사	○			

실험 1-1

계량기구에 따른 액체 식품의 부피 측정

〈실험목적〉

계량컵, 계량스푼으로 액체 식품과 점성 식품을 계량하여 부피로 환산할 수 있다.

〈실험재료 및 분량〉

물 800 mL, 우유 800 mL, 간장 800 mL, 식용유 800 mL, 물엿 800 mL

〈실험기기 및 기구〉

계량컵(1컵), 계량스푼(1큰술), 메스실린더(50 mL, 100 mL, 250 mL), 고무 주걱, 볼, 깔때기(funnel), 일반 조리기구

〈실험방법〉

① 물, 우유, 간장, 식용유, 물엿의 1컵과 1큰술의 눈 대중량을 기록한다.
② 액체 식품인 물, 우유, 간장, 식용유, 물엿을 계량컵과 계량스푼에 가득 채운 후 위를 편평하게 깎는다.
③ 계량컵과 계량스푼의 용량에 맞는 메스실린더를 선택하여 수평대에 바르게 놓고 깔때기를 얹어 조심스럽게 부어서 눈높이를 액체 밑면과 일치되게 하여 눈금을 읽는다. 이때 점성이 있는 액체를 고무 주걱으로 잘 긁어내어 오차가 크지 않도록 한다.
④ ③의 과정을 3회 반복하여 평균값을 계산한다.

〈계량과정〉

재료 준비

계량컵 담기

계량스푼 담기

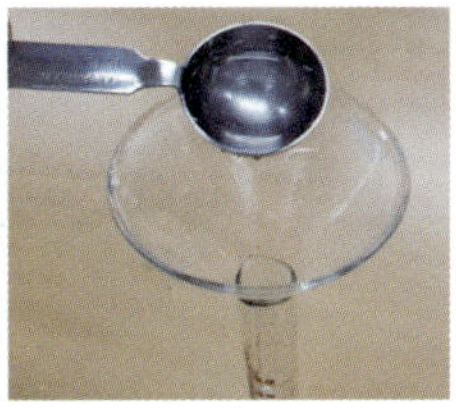
메스실린더 측정

〈실험결과〉

표 각종 액체 식품의 계량컵과 계량스푼에 의한 부피 측정

상태	시료	눈 대중량(mL)		1컵의 측정 부피(mL)				1큰술의 측정 부피(mL)			
		1컵	1큰술	1회	2회	3회	평균값	1회	2회	3회	평균값
액체	물										
	우유										
	간장										
점성	식용유										
	시럽										

〈실험고찰〉

1. 계량컵과 계량스푼 간 오차가 있는지 알아보고, 그 원인이 무엇인지 생각해 보자.

2. 제시된 시료 외 어떤 시료를 사용할 수 있는지 알아보자.

실험 1-2

각종 식품의 계량컵과 계량스푼에 의한 무게 측정

〈실험목적〉

계량컵, 계량스푼으로 액체 식품, 고체 식품, 점성 식품을 계량하여 무게로 환산할 수 있다.

〈실험재료 및 분량〉

물 800 mL, 우유 800 mL, 간장 800 mL, 밀가루 1 kg, 백설탕 1 kg, 흑설탕 1 kg, 소금 1 kg, 물엿 1 kg, 식용유 800 mL

〈실험기기 및 기구〉

계량컵(1컵), 계량스푼(1큰술), 메스실린더(500 mL), 스패출러, 비커 또는 볼, 저울, 깔때기, 체, 일반 조리기구

〈실험방법〉

① 액체 식품인 물, 우유, 간장을 각각 계량컵 1컵과 계량스푼 1큰술에 수북하게 담아 눈 대중량을 추정하여 무게로 기록하고, 저울에 다른 그릇을 놓고 0을 맞춘 뒤 정확한 무게를 측정한다.

② 고체 식품인 밀가루는 체에 친 것과 체에 치지 않은 것을 각각 1컵과 1큰술을 수북하게 담아 스패출러로 윗면을 편평하게 깎은 뒤 눈 대중량을 추정하여 무게로 기록하고, 저울에 다른 그릇을 놓고 0을 맞춘 뒤 정확한 무게를 측정한다. 백설탕과 소금은 덩어리가 없도록 하여 밀가루와 동일한 방법으로 무게를 측정한다. 흑설탕은 덩어리가 없도록 하여 계량컵 1컵과 계량스푼 1큰술에 꾹꾹 눌러

담고 스패출러로 윗면을 편평하게 깎은 뒤 눈 대중량을 추정하여 무게로 기록하고, 저울에 다른 그릇을 놓고 0을 맞춘 뒤 정확한 무게를 측정한다. 이때 계량컵을 거꾸로 하여 컵이나 스푼에서 꺼내었을 때 모양이 유지될 수 있도록 한다.

③ 점성 식품인 물엿과 식용유는 각각 1컵과 1큰술을 수북하게 담아 눈 대중량을 추정하여 무게로 기록하고, 저울에 다른 그릇을 놓고 0을 맞춘 뒤 고무 주걱으로 잘 긁어 옮겨서 정확한 무게를 측정한다.

〈과정그림〉

재료 준비

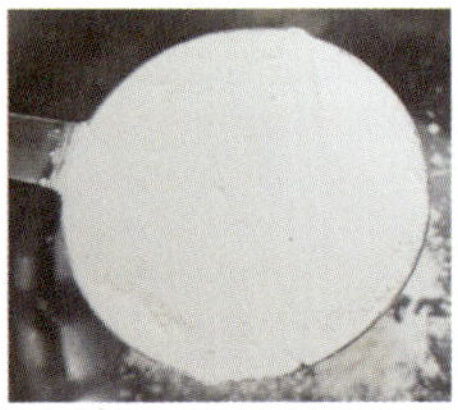

계량스푼 담기

무게 측정 1

무게 측정 2

〈실험결과〉

표 각종 식품의 계량컵과 계량스푼에 의한 무게 측정

<table>
<tr><th rowspan="2">상태</th><th rowspan="2">시료</th><th colspan="2">눈 대중량(g)</th><th colspan="4">1컵의 측정 무게(g)</th><th colspan="4">1큰술의 측정 무게(g)</th></tr>
<tr><th>1컵</th><th>1큰술</th><th>1회</th><th>2회</th><th>3회</th><th>평균값</th><th>1회</th><th>2회</th><th>3회</th><th>평균값</th></tr>
<tr><td rowspan="3">액체</td><td>물</td><td></td><td></td><td></td><td></td><td></td><td></td><td></td><td></td><td></td><td></td></tr>
<tr><td>우유</td><td></td><td></td><td></td><td></td><td></td><td></td><td></td><td></td><td></td><td></td></tr>
<tr><td>간장</td><td></td><td></td><td></td><td></td><td></td><td></td><td></td><td></td><td></td><td></td></tr>
<tr><td rowspan="5">고체</td><td>밀가루
(체친 것)</td><td></td><td></td><td></td><td></td><td></td><td></td><td></td><td></td><td></td><td></td></tr>
<tr><td>밀가루
(체치지
않은 것)</td><td></td><td></td><td></td><td></td><td></td><td></td><td></td><td></td><td></td><td></td></tr>
<tr><td>백설탕</td><td></td><td></td><td></td><td></td><td></td><td></td><td></td><td></td><td></td><td></td></tr>
<tr><td>흑설탕</td><td></td><td></td><td></td><td></td><td></td><td></td><td></td><td></td><td></td><td></td></tr>
<tr><td>소금</td><td></td><td></td><td></td><td></td><td></td><td></td><td></td><td></td><td></td><td></td></tr>
<tr><td rowspan="2">점성</td><td>시럽</td><td></td><td></td><td></td><td></td><td></td><td></td><td></td><td></td><td></td><td></td></tr>
<tr><td>식용유</td><td></td><td></td><td></td><td></td><td></td><td></td><td></td><td></td><td></td><td></td></tr>
</table>

〈실험고찰〉

1. 위에 제시된 식품의 계량컵이나 계량스푼 간 오차가 어느 정도인지 알아보고, 그 원인이 무엇인지 생각해 보자.

2. 제시된 액체, 고체, 점성 시료 외 어떤 시료가 있는지 알아보자.

3. 표준값과 측정값을 비교해 보자.

실험 1-3

고체 식품의 부피 측정

〈실험목적〉

고체 식품의 부피를 측정하기 위하여 물을 흡수하는 식품과 물을 흡수하지 않는 식품으로 구분하여 알아본다.

〈실험재료 및 분량〉

달걀 1개, 알감자 또는 키위 1개, 모닝빵 1개, 좁쌀 또는 참깨 1 kg, 물 300 mL

〈실험기기 및 기구〉

저울, 메스실린더(500 mL), 스패출러, 볼, 스탠드, 링, 깔때기, 일반 조리기구

〈실험방법〉

1. 물을 흡수하지 않는 달걀과 알감자의 부피 측정

① 500 mL의 메스실린더에 물 300 mL을 정확히 넣는다.

② 저울로 달걀 무게를 잰 후 ①에 달걀을 넣고 메스실린더 눈금을 정확하게 읽는다.

③ ②의 눈금에서 300을 빼면 달걀의 부피가 된다. 이 과정을 3회 반복한다.

④ 동일한 방법으로 알감자의 부피를 3회 반복하여 측정한다.

〈실험과정〉

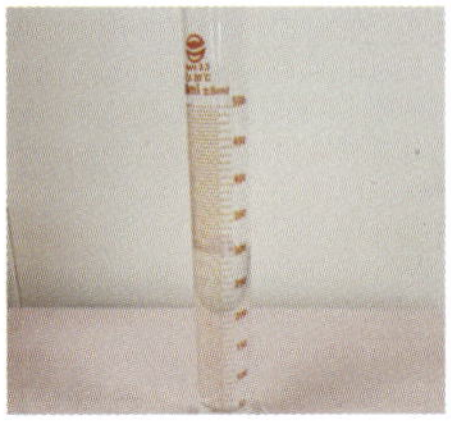

메스실린더에 물 붓기

300 mL 맞추기

달걀을 물이 담긴 메스실린더에 넣기

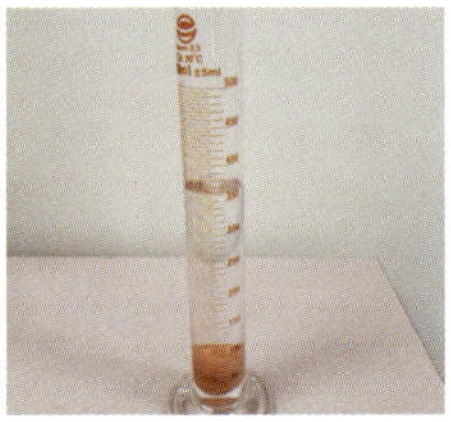

증가한 부피의 눈금 읽기 1

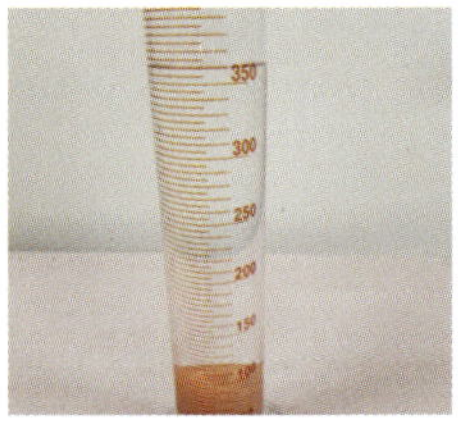

근접 상태에서 증가한 부피의 눈금 읽기 2

350 mL로 증가한 것을 알 수 있음

〈실험결과〉

	1회	2회	3회	평균값(mL)
달걀 (mL)				
알감자 또는 키위 (mL)				

2. 물을 흡수하는 모닝빵의 부피 측정

① 모닝빵에 밀가루를 전체적으로 살짝 입힌 다음 밀가루를 충분히 털어 낸다.

② 모닝빵이 들어갈 수 있는 넉넉한 볼에 깔때기를 이용하여 좁쌀이나 참깨를 수북이 담고 스패출러로 윗면을 편평하게 깎는다.

③ 볼에 담긴 좁쌀이나 참깨를 다른 그릇에 옮기고 그 볼에 모닝빵을 담는다.

④ 모닝빵이 든 볼을 더 큰 볼에 넣고 ③에서 옮겨 놓은 좁쌀을 깔때기를 이용하여 볼 위로 떨어뜨리고 스패출러로 윗면을 편평하게 깎는다.

⑤ 볼 바깥으로 넘친 좁쌀을 메스실린더에 모두 옮겨 담고 바닥을 살짝 쳐서 좁쌀을 고르게 한 후 눈금을 측정한다.

〈실험과정〉

빈 작은 용기에 참깨를 스패출러로 편평하게 채움

다른 용기에 쏟아 놓음

작은 용기에 모닝빵을 넣음

다른 용기에 쏟아 놓은 참깨를 빵이 담긴 용기에 넣음

스패출러로 작은 용기에 쏟아 부은 참깨를 편평하게 채움

흘러 넘친 참깨를 메스실린더에 넣음

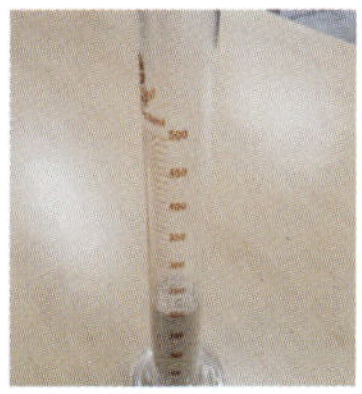

메스실린더의 참깨 부피를 측정

〈실험결과〉

	1회	2회	3회	평균값(mL)
모닝빵				

〈실험고찰〉

1. 제시된 시료 외에 어떤 시료를 이용할 수 있는지 알아보자.

2. 종자치환법(씨앗대용법)을 이용하여 측정하는 여러 가지 방법을 연구해 보자.

계량의 오차를 줄이기 위한 Tip.

① 재료에 따라 적합한 계량기구를 선택해야 하며, 올바르게 사용하는 기술을 익힌다.
② 부피 측정기구와 무게 측정기구가 다르므로 시료에 따라 고체, 액체에 알맞은 것을 선택한다.
③ 유리 계량컵이나 메스실린더를 이용하여 액체를 계량할 때 메니스커스 읽는 방법을 익힌다.
④ 정확하게 측정한 시료를 다른 그릇에 옮길 때는 가능한 한 잘 긁어 옮긴다. 특히, 점성이 큰 물엿은 실험 횟수에 맞게 여러 개 준비하여 사용한 용기에 남아 있는 만큼의 오차를 줄일 수 있도록 한다.
⑤ 종자치환법을 이용하여 고체의 부피를 측정할 때 빵과 같이 물을 흡수하는 식품은 담기면서 눌려서 부피가 줄어들 수 있다. 그러므로 단단하지 않은 식품은 비교적 시료가 들어가서 공간이 많이 남지 않는 용기를 선택하여 수 회 측정하여 종자의 중량으로 인한 부피가 줄어들지 않도록 조심한다.
⑥ 가정마다 표준 계량기구를 갖추고 있지 않으므로 표준 계량기구 대신 사용할 만한 일반 용기의 부피 및 무게를 알아 두었다가 필요시 사용하도록 한다.

실험의 오차를 줄이기 위한 Tip.

모든 측정값에는 오차가 있을 수밖에 없으며, 오차를 줄이기 위한 노력이 필요하다.

① 반복실험을 함으로써 실험에서 나올 수 있는 오차를 줄일 수 있다. 많이 반복할수록 오차는 줄어든다.
② 동일한 시료를 여러 사람이 나누어서 실험하지 않고 동일한 사람이 실험을 해야 오차를 줄일 수 있다.
③ 실험 순서를 무작위로 결정한다.
④ 반드시 단위를 표시하며, 측정도구 최소눈금의 1/10까지 읽는 것이 기본이다.
⑤ 오차가 발생했을 경우 오차의 종류와 원인을 규명한다.

CHAPTER 02

관능검사 및 평가

1. 정의

식품의 관능검사는 감성과학의 한 분류로 식품의 관능적 특성을 사람의 감각기관인 시각 · 후각 · 미각 · 촉각 · 청각을 이용하여 평가하는 방법임

2. 관능검사 분야

- 식품의 관능적 특성 조사
- 소비자의 기호도 파악
- 신제품 개발의 방향 제시
- 식품 품질 평가 기준 제시
- 식품 품질 개선 방향 제시
- 품질 관리, 제조원가 절감 및 공정 개선의 도구

3. 관능검사 요원의 종류 및 선정 조건

- 관능검사 패널: 관능검사를 하는 사람들의 집단
- 관능검사 패널 요원: 관능검사 패널에 속하는 구성원 또는 평가자
- 관능검사를 위해서는 패널 요원을 모집하여 선정하고, 훈련이 필요한 경우 일정 기간 훈련을 통해 최종평가하여 패널 요원으로 선정
- 관능검사 패널 요원 선정 조건
  ① 검사 식품에 대한 거부 반응이 없고 검사를 할 수 있는 시간적 여유가 있어야 함
  ② 시료 간의 특성을 구분할 수 있고, 시료가 가진 특성에 대해서 묘사하고

정량화할 수 있는 기술과 어휘 능력을 가지고 있어야 함

- 관능검사 패널 요원 종류

① 훈련된 패널 요원

- 관능검사를 할 수 있는 자격 요건을 가진 패널 요원으로 선발되어야 함
- 일정 기간 차이식별검사와 같은 훈련을 실시한 후에 정량적 묘사분석과 같은 관능검사를 수행할 수 있어야 함
- 훈련된 패널은 소수의 인원(15~20명)으로 신뢰도 있는 결과를 얻을 수 있음

② 훈련되지 않은 패널 요원

- 제품의 사용자나 잠재적 사용자가 패널 요원이 되는 경우로 관능검사에 대한 훈련이나 경험이 없는 일반 소비자로 선정되는 경우가 대부분임
- 훈련되지 않은 패널을 대상으로 신뢰도 있는 결과를 얻기 위해서는 다수의 패널 요원(200~500명)이 필요함

- 관능검사 시 주의사항
  - 1~2시간 전부터는 음식물 섭취 제한
  - 검사 전 화장품을 바르거나 입안 세척제를 사용하지 않도록 함
  - 손 세척 시 향기 없는 비누 사용

4. 관능검사실 조건

- 관능검사 패널들이 방문하기 좋은 장소에 위치해야 함
- 주변이 소란하거나 혼란스럽지 않고 편안하고 조용하며, 특히 냄새가 없는 곳에 위치해야 함
- 공기 순환 장치와 온도 · 습도 조절 장치 및 환기 시설을 갖추고 있어야 함. 관능검사실의 대기 환경은 냄새가 없고, 온도는 20~25℃, 습도는 50~60%가

적절함

- 관능검사를 위한 시료를 준비할 수 있는 조리 공간과 저장 및 설거지 등을 할 수 있는 환경을 갖추고 있어야 함
- 패널들이 검사 시에 서로 대화하거나 의논하거나 평가내용을 보게 되어 잘못된 판단이 유도되거나 방해를 받지 않도록 칸막이 검사대(booth) 필요
  - 패널이 착석하여 시료를 검사하는 칸막이 검사대 내에는 형광등, 녹색등, 적색등이 있어야 하고, 검사 후 입을 헹군 물을 뱉을 수 있는 개수대가 설치되어 있어야 함
  - 칸막이 검사대는 준비실에서 직접 시료를 제시할 수 있는 시료 투입구를 갖추고 있어야 함. 시료 투입구가 없는 경우 준비실로부터 검사실로 시료를 이동할 카트(cart)가 충분히 지나다닐 수 있는 면적이 필요함. 시료 투입구

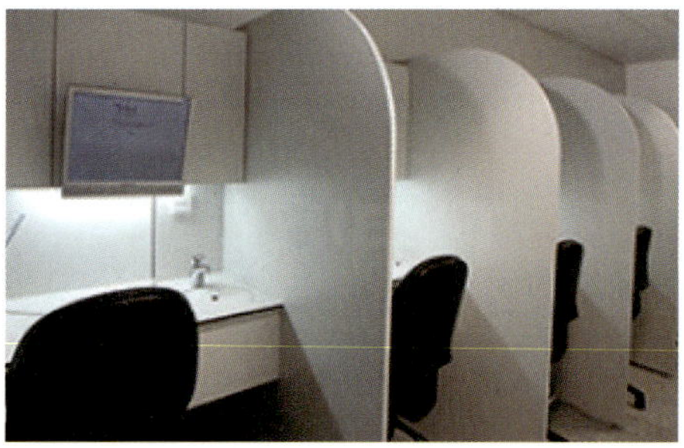

관능검사실

관능검사 준비실

묘사분석 및 패널훈련실

[그림 2-1] 관능검사실

가 있는 경우 검사대에 신호 장치가 있으면 패널들이 평가준비 완료를 알리거나 질문이 있을 때 편리하게 사용할 수 있음

5. 시료의 준비 및 제공

- 시료는 시료를 대표할 수 있고, 반복하여 평가할 수 있을 정도의 충분한 양을 준비해야 하며, 시료의 크기는 가능한 한 동일한 형태로 준비하여 제공
- 시료의 모양은 외관으로 구분이 가능한 경우, 시료들의 질감이 다른 경우, 검사하려는 특성이 맛이나 냄새인 경우에 시료의 외관과 질감에 의한 차이를 제거하기 위해 분쇄하여 제공하는 것이 적절
- 시료의 색이 다른 경우는 어두운 불빛 등을 사용하기도 하며, 음료의 경우에는 색을 가릴 수 있는 색깔 컵을 사용하여 색에 대한 편견 제거
- 제공하는 시료의 온도는 실제 섭취하는 식품의 온도와 동일하게 제공
- 알파벳이나 가나다 또는 아라비아 숫자를 이용하여 시료를 표기할 경우 순서에 따라 패널들이 오차를 범할 우려가 있으므로 난수표를 이용하여 시료를 코드화하여 패널 요원들이 평가하도록 함
- 관능검사 시에는 물을 제공하여 시료를 평가하고 난 후 반드시 물로 입을 헹구고 다음 시료를 평가할 수 있도록 함
- 소비자 기호도 검사에서는 평상시에 같이 사용되는 식품인 동반식품을 함께 제공하여 평가할 수도 있음. 예를 들면, 크래커와 잼, 밥과 김치, 핫도그와 케첩 등이 이에 해당
- 시료는 동일한 크기의 흰색 용기에 제공해야 하며, 냄새를 잘 흡수하지 않는 재질의 용기가 좋음
- 제공되는 시료의 수는 1회 검사 시 4~6개 정도가 평가하기에 적절하며, 1회에 10개 이상의 시료를 평가 시에는 감각의 둔화나 정신적 피로에 의해 차이를 잘 구분하지 못할 수도 있음

6. 관능검사에 영향을 주는 심리적 요소

1) 기대오차

- 패널 요원들은 선입견에 대한 오차로 실제 제품에는 오차가 없으나 차이가 있는 것으로 판단
- 이와 같은 오차를 방지하기 위해 패널 요원들에게 검사 시료에 대한 자세한 정보를 제공하지 않으며, 검사 시료와 직접적 관련이 없는 패널 요원들로 선정하는 것이 바람직함

2) 습관오차

- 자극 강도가 매우 완만하게 증가하거나 감소할 경우, 마치 동일 강도가 계속되는 것처럼 느껴지는 경향에서 생김
- 시료 배치를 잘해야 하고, 반드시 시료와 시료 사이에는 물로 입을 헹구도록 함

3) 자극오차

- 시료 자체에는 차이가 없으나 용기 형태, 색, 순서 등 기타 관련 조건의 차이에 의해 영향을 받는 오차이며, 패널 요원들이 시료의 특성을 잘 알지 못할 경우 발생
- 시료 용기의 크기 및 색, 제시하는 시료의 크기 및 형태 등을 일치시켜야 함
- 시료를 제시할 경우 알파벳 순서나 아라비아 숫자 순서대로 나열하지 않고, 난수표를 이용하여 시료 번호가 제품의 평가에 영향을 미치지 않도록 함

81652	45554	27931	93991	23375	00953
41383	31555	12639	00619	22909	29563
82667	74624	36348	44018	64732	93589
77319	73408	58993	61098	04393	48245
10081	82454	76810	52975	10324	15457

[그림 2-2] 난수표

4) 후광효과

- 시료의 한 가지 특성이 좋게 평가되면, 다른 특성들도 좋게 평가됨으로 인해 유발
- 관능검사 요원들의 훈련이 요구됨

5) 대조오차

- 우수한 식품 다음에 불량한 식품 평가 시 발생하는 오차로 불량한 식품은 따로 평가될 때보다 더욱 평가절하되는 경우 유발
- 시료 배열 순서에 유의하여야 함

6) 중앙경향오차

- 패널 요원들이 시료 평가 시 시료의 특성을 잘 구분하지 못하는 경우 중간에 해당하는 점수를 줌으로 인해 발생하거나, 제공되는 시료 중 가운데 놓인 시료가 바깥에 놓인 시료보다 높은 점수를 받음으로 인해 발생
- 관능검사 요원 대상 훈련이 요구되며, 관능검사 시 선척도를 이용하도록 함

7. 관능검사방법

1) 차이식별검사

- 시료 간의 차이를 분석적으로 검사하는 방법
- 예민도가 요구되어 훈련이 필요
- 패널 요원들의 기호도가 개입되지 않음
- 종류: 종합적 차이검사, 특성차이검사

(1) 종합적 차이검사

- 두 개의 시료 간에 전체적인 차이 유무 조사, 처리 효과(재료, 가공, 포장 또는 저장 조건)에 따른 제품의 변화 여부를 조사하기 위하여 사용
- 특정 성질의 차이 조사 불가능
- 종류: 삼점검사, 일-이점검사, 단순차이검사

❶ 삼점검사(triangle test)

- 종합적 차이검사 중에서 가장 많이 사용
- 패널 요원에게 세 개의 시료를 제공하고 이들 중 두 개의 시료는 같은 것이고, 한 시료는 다른 것이라고 알린 후 다른 한 시료 선택

성명: ______________ 날짜: __________

앞에 놓인 3개의 시료 중 2개는 동일 시료이고, 나머지 1개는 다른 시료입니다. 다르다고 생각되는 시료 번호에 v표 하십시오.

501	952	379
_____	_____	_____

❷ 일-이점검사(duo-tro test)

- 패널 요원에게 기준시료, 기준시료와 동일한 시료와 동일하지 않은 시료 3개를 동시에 제공하여 기준시료와 동일한 시료를 선택

> 성명: ______________ 날짜: __________
>
> 앞에 놓인 기준시료(R)의 맛을 먼저 본 후 기준시료와 동일하다고 생각되는 시료 번호에 v표 하십시오.
>
> R ____ 360 ____ 027 ____

❸ 단순차이검사(simple difference test)

- 패널 요원에게 두 개의 시료를 제시하고 두 검사물의 차이 유무를 선택

> 성명: ______________ 날짜: __________
>
> 앞에 놓인 2개의 시료를 맛보고 2개의 시료가 같은지 다른지를 평가하여 아래에 v표 하십시오.
>
> 2개의 시료가 같다. ______
>
> 2개의 시료가 다르다. ______

(2) 특성차이검사

- 두 개나 그 이상의 시료들의 조사하고자 하는 특성이 어떻게 다른지 조사
- 제품 개발이나 품질 관리 시 특정 요인의 변화로 관심 있는 특성에 있어서 어떤 변화가 발생하는지, 즉 어느 제품에 있어서 그 특성이 더 강한지 또는 얼마나 더 강한지를 조사하기 위하여 사용
- 종류: 이점비교검사, 순위법, 평점법

❶ 이점비교검사(paired comparison test)

- 특정한 관능적 특성에 있어서 두 시료의 차이 조사
- 패널 요원에게 2개의 시료를 제시하고 단맛, 경도, 윤기 등의 특성에 있어서 어떤 시료의 강도가 더 큰지 또는 작은지를 선택

> 성명: ______________ 날짜: __________
>
> 앞에 놓인 두 시료의 짠맛을 평가하시오. 왼쪽에 제시된 것부터 맛보고 두 시료 중 더 짠 것에 v표 하십시오.
>
> 452 187
>
> _____ _____

❷ 순위법(ranking test)

- 여러 가지 시료에서 어떤 특성의 강도에 대한 순위를 정할 때 사용
- 패널 요원에게 3개 이상의 시료를 제공하고 측정하고자 하는 특성의 강도 크기 증가에 따라 순위를 나열하기도 하고, 기준시료를 제시하고 기준시료와 가장 비슷한 시료 순으로 나열하여 특성 강도의 순위 평가

> 성명: ______________ 날짜: __________
>
> 앞에 놓인 네 시료의 쓴맛을 보고 쓴맛이 약한 시료부터 쓴맛이 강한 시료까지 1에서 4까지로 표시하여 주십시오.
>
> 168 718 397 410
>
> _____ _____ _____ _____

❸ 평점법(scoring test)

- 여러 시료의 특성이 어떤 양상으로 다른지 결정하려고 할 때 사용하는 방법
- 차이의 크기를 숫자로 예측
- 패널 요원에게 여러 개의 시료를 제시하고 특성 강도를 서로 비교하기 위하여 그 강도의 크기를 주어진 척도에 나타냄
- 항목척도, 선척도 사용
- 항목척도: 항목 간에 일정 간격을 나타내도록 구성한 척도로 각 항목마다 숫자나 용어로 표시한 7점 또는 9점 척도가 주로 사용. 패널 요원들은 보통 척도의 양쪽 끝 점수를 사용하는 것을 기피하는 경향이 있어서 패널 훈련 시 특별한 주의가 필요
- 선척도: 6 inch 또는 15 cm의 직선의 오른쪽 끝으로 갈수록 '강도가 약하다 또는 없다'에서 '강도가 강하다 또는 많다'로 나타냄

성명: ______________ 날짜: __________

앞에 놓인 시료의 단맛 정도를 평가하여 주십시오.

352	926	478	502
_____	_____	_____	_____

0: 없다, 1: 대단히 약하다, 2: 약하다, 3: 약하다-보통이다,
4: 보통이다, 5: 보통-강하다, 6: 강하다

성명: ______________ 날짜: __________

앞에 놓인 시료의 단맛에 해당하는 위치에 v표 하십시오.

대단히 약함 ———————————————— 대단히 강함

2) 묘사분석

- 고도로 훈련된 패널 요원들을 이용하여 제품에 대한 모든 관능적 특성을 밝히기 위하여 사용
- 여러 개발단계에서 목표하는 품질에 도달하기 위해 개선점이 요망되는 경우 특정 관능적 특성을 밝히기 위하여 사용
- 품질 관리의 목적으로 제품의 생산 · 유통 · 저장 시 제품 간 발생하는 차이의 근거를 찾는 데 이용
- 종류: 향미 프로필, 텍스처 프로필, 정량적 묘사분석, 스펙트럼 묘사분석, 시간-강도 분석

3) 소비자 기호도 검사

- 해당 제품의 소비자 또는 소비 가능한 자를 대상으로 제품에 대한 전체적 또는 특정 성질의 선호도 및 기호도를 알기 위하여 사용
- 신제품 시장 출시 전 소비자 반응 예측 시 활용

제품명: ______________ 성명: ______________ 날짜: __________

※ 먼저 물로 입을 헹군 후 제공된 식빵의 특성을 평가해 주시기 바랍니다.

1. 외관

(1) 껍질(crust) 색

옅은 ———————————— 진한

(2) 내부(crumb) 색

옅은 ———————————— 진한

(3) 기공의 크기

옅은 ———————————— 진한

2. 향미

(1) 곰팡이 냄새

없음 ———————————— 대단히 많음

(2) 쓴맛

없음 ———————————— 대단히 많음

3. 조직감

(1) 단단함

없음 ———————————— 대단히 많음

(2) 촉촉함

없음 ———————————— 대단히 많음

(3) 탄력성

없음 ——————————————————— 대단히 많음

4. 전반적인 기호도

대단히 싫어함 ——————————————————— 대단히 좋아함

[그림 2-3] 묘사분석을 위한 관능검사 평가지

제품명: ____________ 성명: ____________ 날짜: ________

※ 제공된 쿠키를 맛보고 당신이 좋아하고 싫어하는 정도를 나타낸 곳에 v표 하십시오.

1. 외관

☐	☐	☐	☐	☐	☐	☐	☐	☐
극도로 싫다(1)	대단히 싫다	보통으로 싫다	약간 싫다	좋지도 싫지도 않다(5)	약간 좋다	보통으로 좋다	대단히 좋다	극도로 좋다(9)

2. 냄새

☐	☐	☐	☐	☐	☐	☐	☐	☐
극도로 싫다(1)	대단히 싫다	보통으로 싫다	약간 싫다	좋지도 싫지도 않다(5)	약간 좋다	보통으로 좋다	대단히 좋다	극도로 좋다(9)

3. 맛

☐	☐	☐	☐	☐	☐	☐	☐	☐
극도로 싫다(1)	대단히 싫다	보통으로 싫다	약간 싫다	좋지도 싫지도 않다(5)	약간 좋다	보통으로 좋다	대단히 좋다	극도로 좋다(9)

4. 조직감

☐	☐	☐	☐	☐	☐	☐	☐	☐
극도로 싫다(1)	대단히 싫다	보통으로 싫다	약간 싫다	좋지도 싫지도 않다(5)	약간 좋다	보통으로 좋다	대단히 좋다	극도로 좋다(9)

5. 전반적인 기호도

☐	☐	☐	☐	☐	☐	☐	☐	☐
극도로 싫다(1)	대단히 싫다	보통으로 싫다	약간 싫다	좋지도 싫지도 않다(5)	약간 좋다	보통으로 좋다	대단히 좋다	극도로 좋다(9)

[그림 2-4] 소비자 기호도 검사를 위한 관능검사 평가지

실험 2-1

삼점검사

〈실험목적〉

차이식별검사 방법 중 삼점검사를 이용하여 시료의 차이를 식별한 후 결과를 해석할 수 있다.

〈실험재료 및 분량〉

저지방 우유 100 mL(50 mL×2), 일반 우유 100 mL(50 mL×2), 일반 우유 또는 저지방 우유 50 mL, 물

〈실험기기 및 기구〉

종이컵 4개/인, 안대

〈실험방법〉

① 관능검사 패널 요원에게 제공할 시료를 담기 위해 4개의 종이컵을 준비한 후 2개의 컵에는 저지방 우유를 각각 50 mL 담고, 나머지 한 컵에는 일반 우유를 50 mL 담고, 각각의 컵에 각기 다른 번호로 코드화한다. 남은 1개의 컵에는 시료와 시료 검사 사이 입을 헹굴 수 있는 물을 담아 패널 요원에게 제공한다.

② 관능검사 패널 요원에게 안대를 착용시킨 후 시료를 제공하여 맛을 보게 하고 차이가 나는 시료를 고르게 한다.

③ 검사지 결과의 정답 유무를 확인하고 전체 관능검사 패널 요원의 결과를 취합하여 집계표를 작성한 후 통계적 유의성을 알아본다.

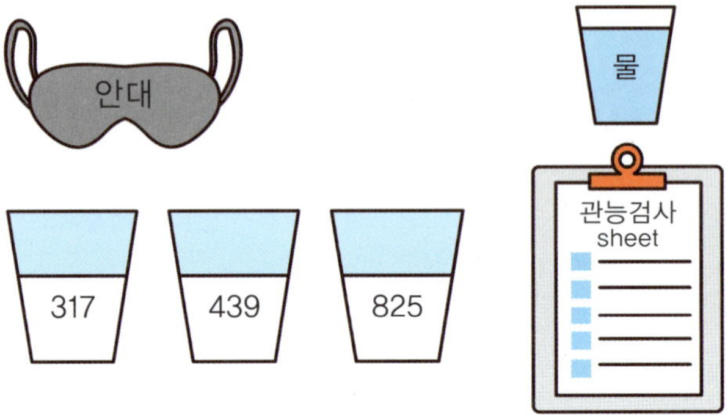

성명: ______________ 날짜: __________

앞에 놓인 3가지 시료의 맛을 보고 3가지 중 다른 시료 한 가지를 찾아 해당 번호에 v표 하십시오.

317	439	825
_____	_____	_____

〈실험결과〉

표 삼점검사 결과 집계표

패널 수	정답자 수

〈실험고찰〉

1. 일반 우유와 저지방 우유의 차이 유무를 유의검정표를 활용하여 설명하시오.

2. 관능검사 패널 요원들이 일반 우유와 저지방 우유의 차이를 구분할 수 있는 능력이 있는가?

표 삼점비교법의 유의성 검정표

검사 횟수	유의 차이를 위한 최소 정답 수			검사 횟수	유의 차이를 위한 최소 정답 수		
	5%	1%	0.1%		5%	1%	0.1%
1				21	12	13	15
2				22	12	13	15
3	3			23	12	14	16
4	4			24	13	15	16
5	4	5		25	13	15	17
6	5	6		26	14	15	17
7	5	6	7	27	14	16	18
8	6	7	8	28	15	17	19
9	6	7	8	29	15	17	19
10	7	8	9	30	15	17	19
11	7	8	10	31	16	18	20
12	8	9	10	32	16	18	20
13	8	9	11	33	17	18	21
14	9	10	11	34	17	19	21
15	9	10	12	35	17	19	22
16	9	11	12	36	18	20	22
17	10	11	13	37	18	20	22
18	10	12	13	38	19	21	23
19	11	13	14	39	19	21	23
20	11	13	14	40	19	21	24

실험 2-2

이점비교법

〈실험목적〉

특성차이검사 방법 중 이점비교법 검사를 이용하여 시료의 차이를 식별한 후 결과를 해석할 수 있다.

〈실험재료 및 분량〉

천연 과즙 오렌지 주스 50 mL, 오렌지 드링크 50 mL, 물

〈실험기기 및 기구〉

종이컵 3개/인, 안대

〈실험방법〉

① 관능검사 패널 요원에게 제공할 시료를 담기 위해 3개의 종이컵을 준비하고 2개의 컵에 각각 천연 과즙 오렌지 주스 50 mL와 오렌지 드링크 50 mL를 담는다. 남은 1개의 컵에는 시료와 시료 검사 사이 입을 헹굴 수 있는 물을 담아 패널 요원에게 제공한다.

② 관능검사 패널 요원에게 안대를 착용시킨 후 시료를 제공하여 맛을 보게 하고 단맛이 강한 시료에 체크 표시를 한다.

③ 전체 관능검사 패널 요원의 결과를 취합하여 집계표를 작성한 후 통계적 유의성을 알아본다.

성명: ______________ 날짜: __________

앞에 놓인 두 시료의 단맛을 평가하시오. 왼쪽에 제시된 것부터 맛보고 두 시료 중 단맛이 강한 시료에 ∨표 하십시오.

452 ____ 187 ____

〈실험결과〉

표 이점비교검사 결과 집계표

패널 수	정답자 수

〈실험고찰〉

1. 오렌지 주스의 단맛 차이를 유의검정표를 활용하여 설명하시오.

2. 오렌지 주스의 식품영양표시에 기재되어 있는 당 함량과 패널 요원들의 관능검사 결과와 비교해 보고, 패널 요원들의 단맛 예민도를 평가해 보시오.

	A	B
단맛 정도		
당류 함량(g/100 g)		

표 이점비교법의 유의검정표

위험률 반복 수	5%	1%	0.1%	위험률 반복 수	5%	1%	0.1%	위험률 반복 수	5%	1%	0.1%
1				16	13	14	15	31	22	24	25
2				17	13	15	16	32	23	24	25
3				18	14	15	17	33	23	25	27
4				19	15	16	17	34	24	25	27
5				20	15	17	18	35	24	26	28
6	6			21	16	17	19	36	25	27	29
7	7			22	17	18	19	37	25	27	29
8	8	8		23	17	19	20	38	26	28	30
9	8	9		24	18	19	21	39	27	29	31
10	9	10		25	18	20	22	40	27	29	31
11	10	11	11	26	19	20	22	41	28	30	32
12	10	11	12	27	20	21	23	42	28	30	32
13	11	12	13	28	20	22	23	43	29	31	33
14	12	13	14	29	21	22	24	44	29	31	34
15	12	13	14	30	21	23	25	45	30	32	34

실험 2-3

순위법

〈실험목적〉

차이식별검사 방법 중 순위법 검사를 이용하여 시료의 차이를 식별한 후 결과를 해석할 수 있다.

〈실험재료 및 분량〉

A 회사 감자칩, B 회사 감자칩, C 회사 감자칩, D 회사 감자칩, 물

〈실험기기 및 기구〉

종이컵 1개/인, 흰색 접시 4개/인

〈실험방법〉

① 관능검사 패널 요원에게 제공할 시료를 담기 위해 4개의 종이 접시(작은 크기)를 준비하고 각각의 다른 시료를 담는다. 종이컵에는 시료와 시료 검사 사이 입을 헹굴 수 있는 물을 담아 패널 요원에게 제공한다.

② 관능검사 패널 요원에게 시료를 제공하여 맛을 보게 하고 짠맛이 강한 순서에서 약한 순서대로 1부터 4까지 적도록 한다.

③ 전체 관능검사 패널 요원의 결과를 취합하여 집계표를 작성한 후 통계적 유의성을 알아본다.

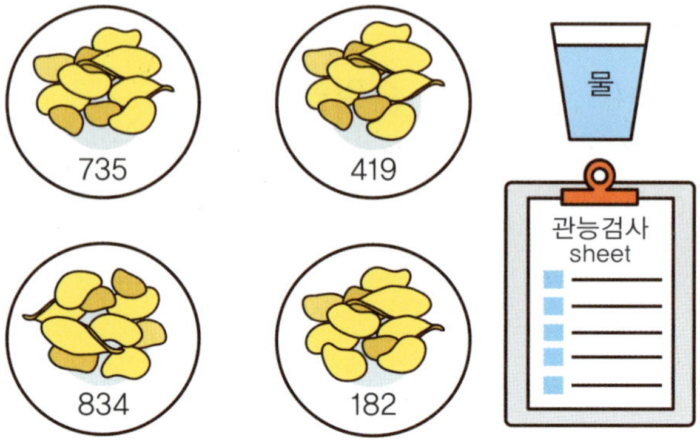

성명: ______________ 날짜: __________

앞에 놓인 다른 4종류의 감자칩을 맛보고 짠맛이 강한 시료부터 약한 순서대로 1부터 4까지 나타내시오.

735	419	834	182
_____	_____	_____	_____

〈실험결과〉

표 순위법 결과 집계표

패널 요원	시료			
	A	B	C	D
1				
2				
3				
4				
5				
6				
7				
8				
9				
10				
11				
12				
13				
14				
15				
16				
17				
18				
19				
20				

〈실험고찰〉

1. 감자칩의 짠맛 순위에 대한 유의적 차이를 유의검정표를 활용하여 설명하시오.

2. 감자칩의 식품영양표시에 기재되어 있는 나트륨 함량과 패널 요원들이 평가한 감자칩 순위가 일치하는지 비교해 보고, 관능검사 패널 요원들의 짠맛에 대한 예민도를 평가해 보자.

	A	B	C	D
짠맛 순위				
나트륨 함량(mg/100 g)				

표 순위법 검사 유의성 검정표

반복 수 (k)	시료 수(n)										
	2	3	4	5	6	7	8	9	10	11	12
3				4~14	4~17	4~20	4~23	5~25	5~28	5~31	5~34
4		5~11	5~15	6~18	6~22	7~25	7~29	8~32	8~36	8~39	9~48
5		6~14	7~18	8~22	9~26	9~31	10~35	11~39	12~43	12~48	13~53
6	7~11	8~16	9~21	10~26	11~31	12~36	13~41	14~46	15~51	17~55	18~60
7	8~13	10~18	11~24	12~30	14~35	15~41	17~46	18~52	19~58	21~63	22~67
8	9~15	11~21	13~27	15~33	17~39	18~46	20~52	22~58	24~64	23~71	27~77
9	11~16	13~23	15~30	17~37	19~44	22~50	24~57	26~64	28~71	30~78	32~85
10	12~18	15~25	17~33	20~4	22~48	25~55	27~63	30~70	32~78	35~85	37~93
11	13~20	16~28	19~36	22~44	25~52	28~60	31~68	34~76	36~85	39~93	42~101
12	15~21	18~30	21~39	25~47	28~56	31~65	34~74	38~82	41~91	44~10	47~109
13	16~23	20~32	24~41	27~51	31~60	35~69	38~79	42~88	45~94	49~107	52~117
14	17~25	22~34	26~44	30~54	34~64	38~74	42~88	46~94	50~104	54~114	57~125
15	19~26	23~37	28~47	32~58	37~68	41~79	46~89	50~100	54~111	58~122	63~132
16	20~28	25~39	30~50	35~61	40~72	45~83	49~95	54~106	59~117	63~129	68~140
17	22~29	27~41	32~53	38~64	43~76	48~88	53~100	58~112	63~124	68~136	73~148
18	23~31	29~43	34~56	40~68	46~80	52~92	57~105	61~117	66~130	73~143	79~155
19	24~33	30~46	37~58	43~71	49~84	55~97	61~110	67~123	73~136	78~150	84~163
20	26~34	32~48	39~61	45~75	52~88	58~102	65~115	71~129	77~143	83~157	90~170

CHAPTER 03

곡류를 이용한 실험

1. 전분의 호화(Gelatinization)

전분 입자는 결정 부분과 비결정 부분이 수많은 수소결합에 의해 빽빽한 상태의 미셀(micelle)구조를 이루고 있다. 생전분은 냉수에 녹지 않고 소화효소의 작용을 받기도 어렵고 비중이 크고 물에 가라앉으며, β전분이라고 한다. 생전분에 물을 넣고 가열하면 흡수와 팽윤이 서서히 진행되고 60~65℃ 정도가 되면 전분 입자는 급격히 팽윤하며, 온도가 더욱 상승하면 전분 용액의 점성과 투명도가 증가하면서 반투명의 콜로이드 상태로 된다. 이 현상을 호화라 하며, 이러한 상태의 전분을 호화전분 또는 α전분이라고 한다. 호화에 영향을 미치는 조건에는 전분의 종류와 전분 입자의 크기, 수침 시간과 가열 정도, 첨가물, 젓는 정도 등이 있다.

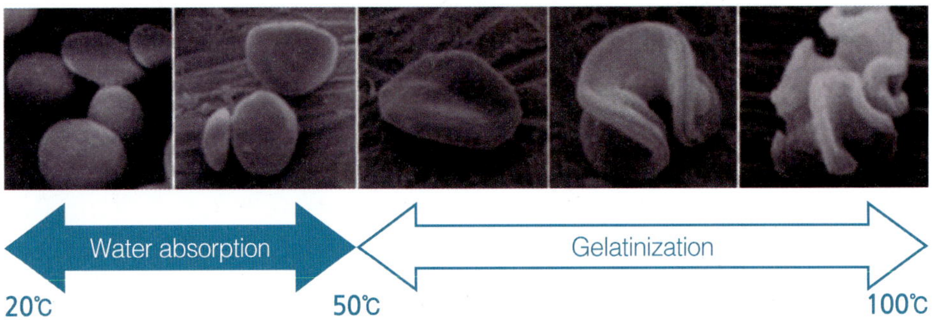

[그림 3-1] 온도에 따른 전분의 호화

1) 전분의 종류

전분은 아밀로오스와 아밀로펙틴으로 구성되어 있다. 아밀로펙틴은 아밀로오스보다 점성이 강하지만 호화되기 어려워 일반적으로 찹쌀을 이용한 음식의 조리 시간이 더 길다. 곡류 전분은 감자, 고구마 등의 근경류 전분에 비해 호화되는 온도가 높고, 냉각하면 젤 형성이 잘 된다. 근경류 전분은 아밀로오스 길이가 길고 빨리 겔화되며, 투명도가 높다. 감자 전분으로 소스를 만들면 반투명하고 윤기가 흐르는 소스가 된다.

2) 입자의 크기

전분 입자의 크기가 클수록 호화되기 쉬운데, 감자나 고구마 같은 감자류는 곡류의 입자보다 커서 호화가 잘 된다.

3) 수침 시간과 가열 온도

가열하기 전에 전분을 수침하면 호화되기 쉽고 균질한 질감을 얻을 수 있으며, 가열 온도가 높을수록 단시간에 호화되기 쉽다.

4) 수분

수분 함량이 많을수록 전분 입자가 쉽게 팽윤되어 호화가 되기 쉽다. 호화가 충분히 일어나기 위한 물의 양은 전분의 약 6배가 이상적이다.

5) 첨가물

전분에 산을 첨가하면 가수분해가 일어나 점도가 낮아지고 호화가 잘 되지 않으므로 전분에 산을 첨가해서 소스를 만들 때는 전분을 먼저 호화시킨 다음에 산을 첨가하는 것이 좋다.

설탕은 친수성이 커서 전분 입자와 경쟁적으로 물을 흡수하여 설탕의 농도가 30%까지는 점도를 상승시키나 50% 이상이 되면 전분 입자의 팽윤을 억제하고 호화를 지연시켜 점도를 저하시킨다. 그러므로 탕수육 소스같이 신맛과 단맛을 주면서 점도를 유지하려면 먼저 전분을 호화시킨 다음에 설탕, 레몬즙을 첨가하는 것이 좋다.

지방은 전분 입자를 코팅하여 물의 흡수를 방해하여 호화를 억제하고 점도가 증가되는 것을 방해한다. 리소토를 만들 때 쌀을 기름으로 먼저 볶는 이유는 쌀 표면에 기름막을 만들어 수분 침투를 지연시킴으로써 호화를 억제하여 밥이 퍼지는 것을 막고 쫄깃쫄깃한 씹힘성을 제공하기 위해서이다.

6) 젓는 정도

전분의 균일한 용액을 만들기 위해서는 호화가 시작될 때 잘 저어 주어야 하지만, 계속해서 지나치게 저어 주면 전분 입자가 팽창하여 파괴되면서 점도가 낮아진다. 이는 죽을 끓일 때나 풀을 쓸 때 점성을 유지하기 위하여 호화 초기에는 잘 저어 주어야 하나, 그 이후에는 지나치게 저어 주지 말아야 하는 이유이기도 하다.

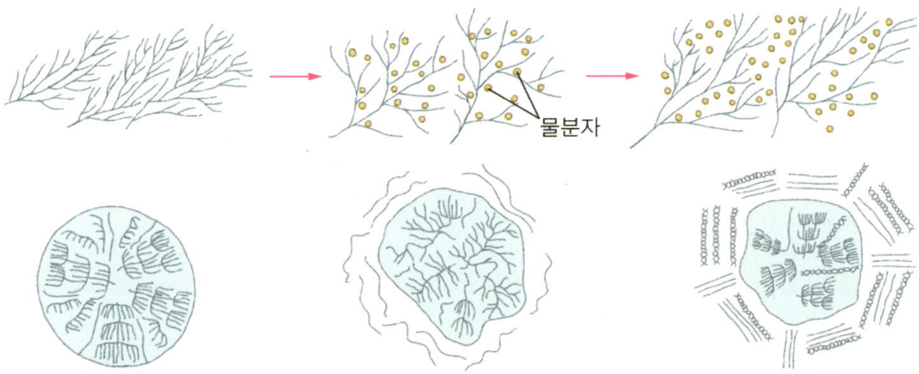

[그림 3-2] α전분과 β전분

2. 전분의 겔화(Gelation)

전분 호화액이 뜨거울 때는 점성이 있고 흐르는 성질을 가지는 졸(sol) 상태이나 대개 38℃ 이하로 냉각하면 반고체 상태의 젤(gel)을 형성한다. 이는 용출되었던 아밀로오스 분자들이 수소결합에 의해 회합하거나, 전분 입자의 외곽에 있는 아밀로펙틴 분자의 가지와 결합하여 3차원 망상구조를 형성하고 그 내부에 물이 갇히게 되는 것이다. 이렇게 하여 형성된 젤은 용기에 분리시켜도 어느 정도 흔들흔들하면서 그 모양을 유지한다. 묵과 과편은 전분의 젤화를 이용한 우리나라 고유한 전통식품이다.

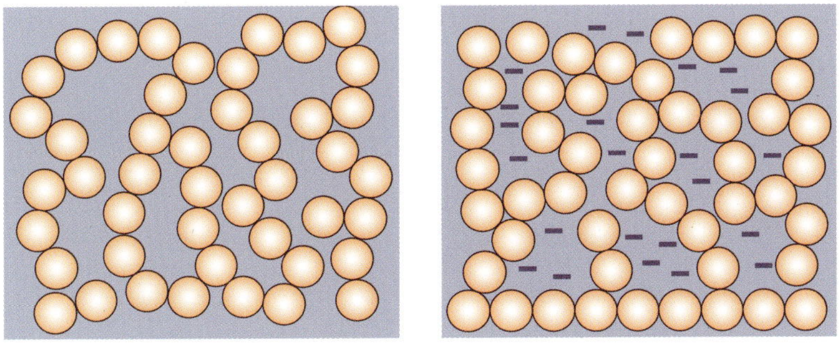

sol
수용액에 입자가 분산

gel
고체상이 물을 함유

[그림 3-3] 전분 호화액의 sol과 gel 상태

1) 전분의 종류

아밀로펙틴으로만 이루어진 찰전분은 겔화가 거의 일어나지 않는다. 그러나 아밀로오스를 함유하고 있는 메밀 전분은 쉽게 겔화된다. 겔의 강도는 아밀로오스 함량이 많을수록 높아진다. 근경류 전분은 약한 겔을 형성한다. 묵을 만들 수 있는 전분은 녹두, 도토리, 메밀, 동부 등이 있다.

2) 첨가제

산은 가수분해가 일어나 아밀로오스 사슬의 길이가 짧아져 겔 강도가 약해지거나 겔화가 잘 되지 않는다. 설탕은 전분 입자의 붕괴를 억제하여 겔 강도를 감소시킨다. 유화제는 아밀로오스와 복합체를 형성하여 겔 강도를 감소시킨다. 이는 중국 음식의 류우차이나 소스, 수프, 그레이비 등에 이용되는 조리원리이다.

3. 전분의 노화(Retrogradation)

호화 또는 젤화된 전분을 실온에 오래 방치하여 냉각시키면 전분 분자들 간의 수소결합에 의해 부분적으로 형성된 작은 결정영역이 재배열되면서 결정영역이 점점 커지며 노화(retrogradation)가 일어난다. 이때 젤의 망상구조가 수축하며 내부에 갇혀 있던 물이 빠져나오는 이액현상이 발생한다. 노화에 의해 생긴 결정은 생전분의 결정과 그 양상이 다르다. 노화된 전분은 투명도가 낮아지고 소화율도 떨어지는데, 재가열하여 일부 수소결합이 끊어지면 결정영역이 해소되어 다시 호화 상태가 된다.

1) 전분의 종류

곡류 전분은 노화되기 쉽고, 근경류 전분과 찰전분의 노화는 그 속도가 느린 편이다. 아밀로오스는 직선상 분자이므로 입체 장애가 없어서 노화되기 쉬우나 이에 반하여 아밀로펙틴은 분지상 구조로 입체 장애를 받으므로 노화 속도가 늦다. 즉, 아밀로펙틴으로만 구성된 찹쌀밥이나 찰떡은 빨리 굳지 않는다.

2) 온도와 수분 함량

전분의 노화는 0~4℃의 냉장 온도에서 가장 쉽게 일어나며, 60℃ 이상이거나 0℃ 이하에서는 잘 일어나지 않는다. 보온밥통의 밥은 60℃ 이상으로 저장되기 때문에 노화가 억제된다. 노화는 수분 함량이 30~60%일 때 가장 쉽게 일어나며, 15% 이하로 건조시키면 노화가 억제된다. 비스킷, 건빵, 라면 등이 수분 함량을 15% 이하로 조절하여 노화를 억제시킨 예이다.

3) pH

노화는 수소결합에 의한 것이므로 수소이온이 많으면 촉진된다. 묽은 염산, 황산 용액은 노화 속도를 증가시키고 알칼리성은 노화를 억제한다.

전분의 호정화(Dextrinization)

전분을 효소나 산으로 가수분해하거나 물을 가하지 않고 160~180℃의 건열로 가열하면 전분이 가용성 전분을 거쳐 다양한 길이의 덱스트린으로 분해되는 것을 호정화라고 한다. 호정화는 호화와는 달리 화학적인 분해가 일어난 상태로 물에 녹기 쉬운 가용성 전분으로 용해성이 증가한 반면에 점성은 낮아진다. 호정화가 되면 황갈색을 띠고 용해성이 증가되며, 점성은 약해지고 단맛이 증가한다. 전분의 호정화 현상은 빵을 구울 때, 곡물의 가루를 볶아 미숫가루를 만들 때, 누룽지, 토스트, 뻥튀기, 팝콘, 시리얼 등에서 나타나며, 소스를 만들 때 걸쭉하면서도 엉기지 않는 소스를 만들기 위해 밀가루를 버터에 마른 채로 볶아 주는 것도 이러한 이유 때문이다.

전분의 당화(Saccharification)

전분에 산을 넣고 가열하거나 효소를 작용시키면 단당류, 이당류 또는 올리고당으로 가수분해되어 단맛이 증가하는데 이런 과정을 전분의 당화(saccharification)라고 한다. 물엿, 조청, 시럽, 식혜 등이 전분의 당화를 이용한 식품이다. 식혜는 보리를 싹 틔운 엿기름을 이용하는데 엿기름에는 전분 분해효소인 β-아밀라아제가 있다. β-아밀라아제는 55~60℃에서 전분을 부분적으로 당화시켜 맥아당을 만든다. 이 용액을 농축시킨 것을 조청이라 하며, 더욱 농축시키면 갈색의 엿이 된다.

엿기름

식혜

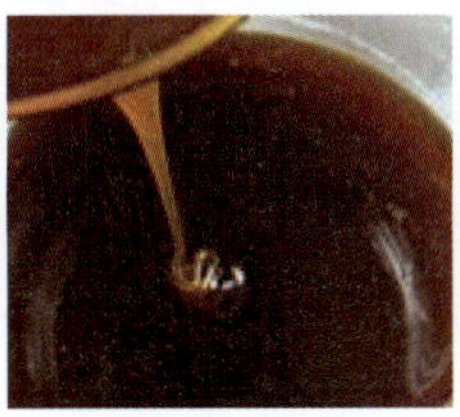
조청

엿

[그림 3-4] 전분 당화 효소와 이를 이용한 식품

실험 3-1 쌀 종류와 도정에 따른 수분 흡수율과 호화 특성 비교

〈실험목적〉

쌀 종류와 도정에 따른 수분 흡수율과 그에 따른 호화 특성을 비교하여 설명할 수 있다.

〈실험재료 및 분량〉

멥쌀 백미 100 g(50 g × 2), 찹쌀 백미 100 g(50 g × 2), 멥쌀 현미 100 g(50 g × 2), 찹쌀 현미 100 g(50 g × 2), 물

〈실험기구〉

비커, 메스실린더, 온도계, 저울, 타이머(시계), 체

〈실험방법〉

① 네 가지 쌀을 50 g씩 각각 비커에 담는다.
② 각 비커에 물 100 mL씩 부어 쌀을 불린다(물의 온도를 측정한다).
③ 물을 붓고 10분, 20분, 30분, 60분 후에 불린 쌀의 물기를 최대한 제거하고 재료를 칭량하여 흡수율을 계산한다.
④ 멥쌀 백미 50 g, 찹쌀 백미 50 g, 멥쌀 현미 50 g, 찹쌀 현미 50 g을 씻어 불리지 않고 바로 밥을 짓는다. 물은 쌀 무게의 1.2배인 60 mL로 한다.
⑤ 30분간 불린 4가지의 쌀을 씻어 물 60 mL를 넣고 밥을 짓는다.
⑥ 8가지 완성된 밥을 관능평가한다.

시료 준비 / 불리기 / 칭량(흡수율) / 밥짓기 / 관능평가

〈실험결과〉

표 수분 흡수율

곡류	흡수율							
	10분		20분		30분		60분	
	g	%	g	%	g	%	g	%
찹쌀 백미								
멥쌀 백미								
찹쌀 현미								
멥쌀 현미								

* 수분 흡수율(%) = (침지 후 무게 – 침지 무게) / 침지 전 무게 x 100

표 호화 상태

곡류		관능평가					
		찰기	쌀 입자	부드러움	수분감	목넘김	종합기호
찹쌀 백미	불리지 않음						
	불림						
멥쌀 백미	불리지 않음						
	불림						
찹쌀 현미	불리지 않음						
	불림						
멥쌀 현미	불리지 않음						
	불림						

* ranking으로 평가하기

〈실험고찰〉

1. 곡류 종류와 도정에 따른 흡수율 차이와 그 이유를 설명하시오.

2. 침지 시간에 따른 수분 흡수율 변화를 그래프로 그려 보고 설명하시오.

〈실험고찰〉

3. 쌀 호화에 영향을 주는 요인은 무엇인가?

4. 쌀 종류에 따라 밥의 관능평가에 차이가 있다면 그 이유는 무엇이고, 밥의 기호도에 영향을 미치는 요인을 설명하시오.

실험 3-2

전분 종류에 따른 젤화와 노화 특성

〈실험목적〉

다양한 곡류를 활용한 묵 만들기를 통하여 전분 종류에 따른 전분 겔화와 노화 특성을 알 수 있다.

〈실험재료 및 분량〉

찹쌀가루 60 g(20 g × 3), 메밀 전분 60 g(20 g × 3), 녹두 녹말 60 g(20 g × 3), 설탕 90 g(30 g × 3), 식초 30 mL(30 g × 3), 소금 9 g(1 g × 9), 물

〈실험기구〉

냄비 3개, 주걱, 묵 틀, 저울, 냉장기기(1~5℃), 보온기구(60~70℃)

〈실험방법〉

① 3개의 냄비에 각각 찹쌀 전분 20 g, 소금 1 g씩을 넣고 물 100 mL를 부어 10분 정도 불린다.

② 중불로 저으면서 끓을 때까지 가열한다.

③ 끓으면 ②에 첨가물을 넣고 저은 후 불을 끈다.
(설탕 30 g 첨가군은 처음부터, 식초 10 mL 첨가군은 마지막에 넣는다)

④ 농도가 걸쭉해지면 묵 틀에 붓는다.

⑤ 나머지 메밀 전분과 녹두 녹말도 같은 방법으로 묵을 쑨다.

⑥ 묵이 식어 굳어지면 4등분하여 한 덩어리는 즉시 관능평가한다.

⑦ 세 덩어리는 전분 노화 실험을 진행하기 위해 냉장 · 실온 · 보온 상태에서 12시간 이상 보관한다.

⑧ 12시간 이후 묵 상태를 관찰하고 관능평가한다.

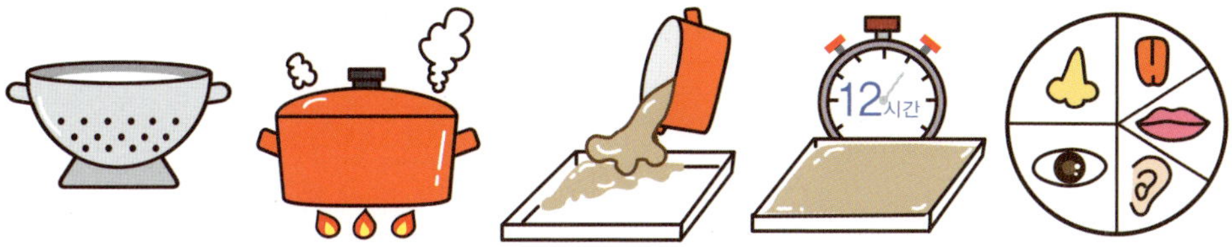

재료 불리기 첨가물 넣고 가열 묵 틀에 붓기 굳히기 관능평가

〈실험결과〉

표 전분의 젤화

전분	첨가물	관능평가				
		단단함	탄력	색	부드러움	기호도
찹쌀	A(無)					
	B(설탕)					
	C(식초)					
메밀	D(無)					
	E(설탕)					
	F(식초)					
녹두	G(無)					
	H(설탕)					
	I(식초)					

* 관능평가는 6점 평점법(1점: 매우 약함~6점: 매우 강함)으로 평가한다.

표 전분의 노화

보관	묵	관능평가					
		단단함	탄력	색	부드러움	기호도	묘사
실온	A						
	B						
	C						
	D						
	E						
	F						
	G						
	H						
	I						
냉장	A						
	B						
	C						
	D						
	E						
	F						
	G						
	H						
	I						
보온	A						
	B						
	C						
	D						
	E						
	F						
	G						
	H						
	I						

* 6점 척도(1점: 매우 약함~6점: 매우 강함)와 묘사법을 이용한다.

〈실험고찰〉

1. 전분 종류에 따른 젤화에 차이가 있는가? 그 이유는 무엇인가?

2. 전분 젤화에 영향을 미치는 첨가물 요인에는 어떠한 것이 있는가?

〈실험고찰〉

3. 전분 젤화에 영향을 미치는 요인을 설명하시오.

4. 보관 온도는 전분 노화에 어떠한 영향을 미치는가?

5. 전분의 노화에 영향을 주는 요인을 설명하시오.

실험 3-3
아밀라아제를 이용한 전분의 당화

〈실험목적〉

엿기름 속 아밀라아제를 이용하여 전분 당화 원리를 이해할 수 있다.

〈실험재료 및 분량〉

찹쌀 200 g, 아밀라아제 0.6 g(0.3%), 건조 맥아분말 20 g(10%),
요오드 용액(물 100 mL + 요오드 1.4 g + 요오드칼륨 2 g), 물

〈실험기구〉

냄비, 주걱, 당도계, 전기보온밥솥, 믹서기, 스포이트, 면보

〈실험방법〉

① 찹쌀 200 g을 씻어 물에 1시간 불린다.
② 불린 쌀의 7배 물을 가하고 믹서기로 곱게 간다.
③ ②의 전분유액을 냄비에 붓고 저으면서 가열하여 호화시킨다.
④ 끓은 전분액을 60°C 내외로 냉각시킨 후 분쇄맥아와 액화효소를 잘 혼합한 뒤 당도를 측정한 후 55~60°C로 보온해서 당화를 실시한다.
⑤ 반응 시료 중 일부(10 mL 정도)를 취하여 당도계를 이용하여 당도를 측정하고, 요오드 반응을 실시한다.
⑥ 당화시킨 지 1시간, 2시간, 3시간 당도 측정과 요오드 반응을 실시한다.

쌀 불리기

믹서기로 갈기

가열(호화)

액화효소 혼합

당화

〈실험결과〉

시간	당화액		
	당도(Brix)	요오드 반응색	묘사
0분			
1시간			
2시간			
3시간			

〈실험고찰〉

1. 전분의 당화 원리를 이용한 전통식품에는 어떠한 것이 있는가?

2. 당화에 영향을 미치는 요인과 그 원리는 무엇인가?

〈실험고찰〉

3. 당화 반응 시간에 따라 당도와 요오드 색깔의 변화가 있었는가? 이유는 무엇인가?

4. 당도와 요오드 반응 색깔의 변화를 효소의 가수분해력과 관련지어 설명해 보자.

실험 3-4

전분의 호정화 실험

〈실험목적〉

전분에 물을 가하지 않고 가열시켜 만든 호정화 전분의 특성을 이해할 수 있다.

〈실험재료 및 분량〉

쌀가루 200 g(100 g×2), 요오드 용액(물 100 mL+요오드 1.4 g+요오드칼륨 2 g), 물 900 mL

〈실험기구〉

비커, 냄비, 주걱, 당도계, 스포이트

〈실험방법〉

① 냄비에 쌀가루 100 g을 넣고 약불에서 약갈색이 될 때까지 저으면서 볶는다.
② 볶은 쌀가루와 생쌀가루의 색깔, 맛, 향 등을 비교해 본다.
③ 볶은 쌀가루와 생쌀가루에 각각 요오드 용액을 1~2방울 떨어뜨려 색깔 변화를 관찰한다.
④ 비커에 물 200 mL를 넣고 볶은 쌀가루 20 g, 생쌀가루 각 20 g을 물에 타서 용해도를 비교해 본다.
⑤ 당도계로 ④ 용액의 당도를 측정한다.
⑥ 냄비 2개를 준비하여 호정화 쌀가루 50 g과 생쌀가루 50 g에 물 250 mL를 붓고 중불에서 끓인다.
⑦ ⑥의 끓인 용액을 식힌 후 점도를 비교해 본다.

시료 볶기

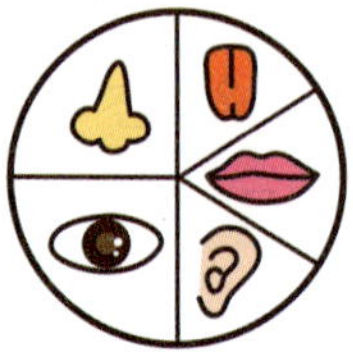

관능평가

용해도, 당도

가열

점도 비교

〈실험결과〉

구분	관능평가			
	색깔	향	맛	점도
생쌀가루				
볶은 쌀가루				

* 관능평가는 묘사법으로 기술한다.

구분	측정		
	당도(Brix)	용해도	요오드반응(색깔)
생쌀가루			
볶은 쌀가루			

* 용해도와 요오드 반응은 묘사법으로 기술한다.

〈실험고찰〉

1. 전분의 가열에 의한 변화를 설명하시오.

2. 호정화 전분과 생전분의 당도, 용해도, 요오드 반응에 차이가 나는 이유를 설명하시오.

3. 전분의 호정화 원리를 이용한 음식이나 소스에는 어떤 것이 있는지 설명하시오.

CHAPTER 04

밀가루를 이용한 실험

1. 밀가루의 종류

밀가루는 밀의 품종, 재배 환경과 제분율 등에 따라 단백질 함량이 다르다. 제분율은 제분할 때 밀의 총중량에 대한 밀가루의 중량비를 말하며, 일반적으로 단백질 함량에 따라 강력분(hard wheat flour), 중력분(all purpose flour), 박력분(soft wheat flour)으로 나눈다. 듀럼밀인 세몰리나(semolina)는 단백질이 매우 많고 단단한 밀로 마카로니나 파스타를 만드는 데 이용한다.

〈표 4-1〉 밀가루의 종류

종류	글루텐 함량	특성	용도
강력분 (hard wheat flour)	11% 이상	• 글루텐 함량이 높아 강한 탄력성과 점성이 있다. • 수분 흡착력이 커서 반죽을 구웠을 때 많이 부푼다.	식빵
중력분 (all purpose flour)	9~10%	• 단백질 함량이 강력분과 박력분의 중간이다. • 제면성과 퍼짐성이 좋아 다목적용 밀가루로 사용한다.	국수류
박력분 (soft wheat flour)	7~9%	• 글루텐의 탄력성과 점성 및 수분 흡착력이 약하다. • 전분 함량이 높아 부드러운 질감이다.	케이크 과자류 튀김옷

2. 밀가루의 반죽

1) 글루텐 형성

밀가루를 반죽하면 밀가루 단백질이 점탄성(viscoelasticity)을 가진 글루텐(gluten) 복합체를 형성한다. 글루텐은 밀가루 단백질인 글루테닌(glutenin)과 글리아딘(gliadin)이 수분과 결합하여 긴 실모양의 글루테닌이 그물구조를 형성하고 그 사이에 짧고 동글동글한 모양의 글리아딘이 끼어서 3차원의 그물구조인 글루텐이 만들어진다.

글루테닌은 글루텐의 탄성에 영향을 주고, 글리아딘은 글루텐의 신장성과 점성에 영향을 준다. 글루텐은 잡아당겨도 잘 끊어지지 않을 정도의 점성과 탄성을 가지는데, 오랫동안 반죽할수록 질기고 점성이 강한 글루텐이 형성된다. 밀가루 반죽을 물로 씻어 전분을 제거한 글루텐을 오븐에 구우면 수분이 증발되면서 크게 부푼다. 이러한 글루텐의 성질을 이용하여 강력분은 빵을 만들 수 있고, 박력분은 케이크류를 만들 수 있으며, 중력분은 다용도 제품을 만들 수 있다. 밀가루 반죽은 반죽한 직후보다 적당 시간 방치하면 신장성이 증가한다.

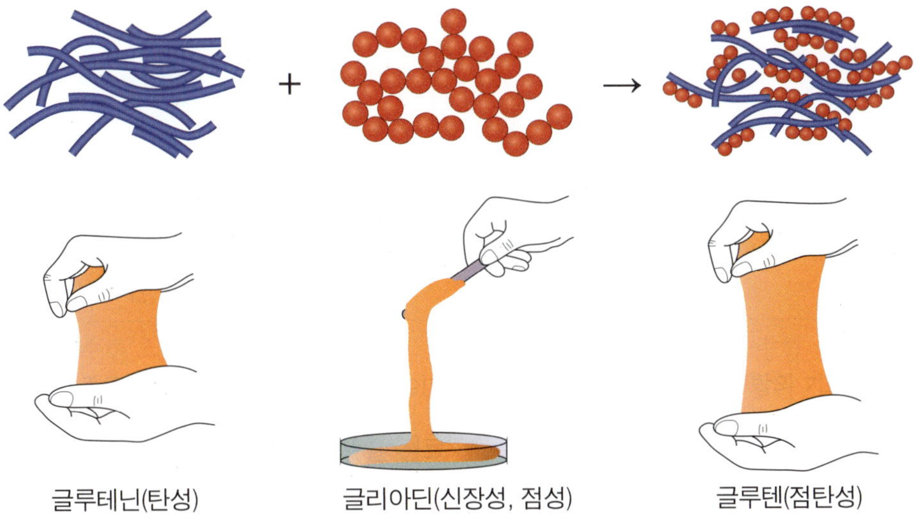

[그림 4-1] 글루텐 형성

2) 글루텐 형성에 영향을 주는 요인

(1) 밀가루의 종류

단백질을 완전히 수화시키려면 물은 단백질 무게의 2배 정도가 필요하다. 강력분은 박력분에 비해 더 많은 수분으로 오래 반죽해야 하며, 더 단단하고 질긴 반죽이 된다.

(2) 반죽 정도

밀가루 반죽은 치댈수록 글루텐이 형성되면서 점탄성이 크고 표면이 매끈한 덩어리가 된다. 따라서 기계 등으로 지나치게 반죽하면 글루텐 섬유가 가늘어지면서 끊어져 반죽이 연해지고 물러진다.

(3) 물의 양과 온도

글루텐을 잘 형성시키려면 단백질을 완전히 수화시켜야 하므로 단백질 함량이 많은 밀가루일수록 물이 많이 필요하다. 단백질의 수화 속도는 온도가 어느 정도 높아야 잘 일어나므로 반죽 시 보통 30℃의 물을 이용한다. 그러나 튀김옷을 바삭하게 만들 때는 글루텐 형성이 적어야 하므로 냉수로 반죽하는 것이 좋다.

(4) 첨가물

❶ 소금

소금은 글리아딘의 신장성과 점성을 증가시키고 단백질 가수분해효소의 활성을 억제하여 글루텐 강도를 높인다. 그러나 과량의 소금 사용은 글루텐 강도를 너무 강화시켜 오히려 질겨진다.

❷ 달걀

달걀 단백질이 가열에 의해 응고되면서 글루텐 형성을 도와주며, 팽창된 글루텐을 고정시키므로 단단해진다. 그러나 너무 많은 양이 첨가되면 질겨질 수 있다.

❸ 지방

지방은 글루텐의 표면을 둘러싸서 글루텐의 성장을 억제하므로 반죽을 부드럽고 연하게 한다. 파이와 같이 다량의 고체 지방을 사용하면 글루텐과 글루텐 사이에 넓은 지방막이 형성되므로 층층이 켜가 형성된다.

❹ 설탕

설탕은 반죽 내의 수분을 흡수하므로 밀가루 단백질의 수화를 감소시켜 글루텐 형성을 저해한다. 따라서 설탕이 다량 첨가되면 반죽이 묽어지고 구우면 표면이 갈라진다. 반대로 설탕의 양이 적으면 결이 거칠어진다.

3. 밀가루 반죽의 팽창제

밀가루 반죽을 팽창시키는 물질로는 공기, 수증기, 이산화탄소가 있다. 공기와 물은 가열에 의해 그 부피가 증가해서 반죽을 물리적으로 팽창시킨다. 이산화탄소는 효모나 세균에 의한 발효, 즉 생물학적 작용에 의해 발생하거나 중조나 베이킹파우더 등의 화학적 반응에 의하여 발생한다. 밀가루 반죽에 팽창제를 첨가하면 반죽을 구웠을 때 잘 부풀고 다공성의 조직감을 갖게 된다.

〈표 4-2〉 밀가루의 팽창제

종류		특징
생물학적 팽창제	이스트	• 이스트가 이용하는 영양소는 당으로 치마아제(zymase)가 당을 발효시켜 이산화탄소 발생 $C_6H_{12}O_6 \rightarrow 2CO_2\uparrow + 2C_2H_5OH$ 당 / 알코올 • 이스트 발효의 최적 온도는 25~27℃로 이 온도보다 높은 온도에서는 이스트 세포가 파괴되므로 발효가 되지 않고 이산화탄소 역시 발생되지 않는다. 그러므로 이스트를 발효시키기 위해서는 온도를 잘 맞춰야 한다.
화학적 팽창제	중조	• 중조를 넣고 가열하면 이산화탄소 발생 $2NaHCO_3 \rightarrow CO_2\uparrow + H_2O + Na_2CO_3$ 중조(중탄산나트륨) / 탄산나트륨 • 알칼리성인 탄산나트륨은 밀가루의 플라본 색소를 누렇게 변하게 한다.
	베이킹 파우더	• 단일반응 베이킹파우더: 물에 의해 즉시 이산화탄소 발생 • 이중반응 베이킹파우더: 물에 의해 1차로 소량의 이산화탄소가 발생하고 열을 가했을 때 본격적으로 이산화탄소가 발생

실험 4-1 밀가루의 글루텐 함량

〈실험목적〉

밀가루 종류에 따른 글루텐 함량의 차이를 확인한다.

〈실험재료 및 분량〉

강력분 50 g, 중력분 50 g, 박력분 50 g, 물 75 mL(25 mL×3)

〈실험기기 및 기구〉

오븐, 저울, 메스실린더, 반죽용 볼 3개, 면 행주 3장, 숟가락 3개, 자

〈실험방법〉

① 강력분, 중력분, 박력분을 각각 50 g씩 계량하여 반죽용 볼에 넣는다.

② ①에 찬물을 각각 25 mL씩 넣고 숟가락으로 돌려가며 50번을 치대어 한 덩어리가 되게 한다.

③ 다시 숟가락으로 200번을 같은 힘으로 누르고 뒤집어가며 매끈한 덩어리로 반죽한다. 이때 그릇이나 숟가락에 밀가루가 묻지 않도록 주의한다.

④ 반죽을 잡아당겨서 끊어질 때까지 최대한 늘어나는 길이를 측정한다(신장성).

⑤ 반죽을 면 행주로 감싸서 찬물에 15분간 담갔다가 흐르는 수돗물에 반죽을 주물러 맑은 물이 나올 때까지 전분을 제거한다.

⑥ 전분이 제거된 글루텐 덩어리의 무게를 재고, 동그랗게 만들어 직경을 측정한다.

⑦ 190~200℃로 예열된 오븐에 글루텐 덩어리를 넣어 20분 동안 구우면서 부피 변화를 관찰한다.

⑧ 구워 낸 글루텐 덩어리의 최대 직경을 측정한 후 반으로 잘라 조직을 비교 · 관찰한 후 평가표에 기록한다.

〈과정 그림〉

치대기 반죽하기 전분 제거 글루텐 측정

〈실험결과〉

시료	신장성(㎝)	굽기 전 반죽의 무게 (g)	굽기 전 반죽의 직경 (㎝)	구운 후 반죽의 무게 (g)	구운 후 반죽의 직경 (㎝)	구운 후 반죽의 조직
강력분						
중력분						
박력분						

* 구운 후 반죽의 조직은 묘사법으로 설명한다.

〈실험고찰〉

1. 밀가루의 글루텐을 형성하는 단백질의 종류와 그 특성은 무엇인가?

2. 밀가루의 종류를 강력분, 중력분, 박력분으로 구분하는 기준은 무엇인가?

실험 4-2

밀가루의 글루텐 형성에 영향을 미치는 요인

〈실험목적〉

소금, 설탕, 지방이 밀가루의 글루텐 형성에 미치는 영향을 확인한다.

〈실험재료 및 분량〉

강력분 800 g(200 g×4), 소금 2 g, 설탕 100 g, 식용유 50 mL, 물 350 mL

〈실험기기 및 기구〉

오븐, 저울, 메스실린더, 반죽용 볼 4개, 숟가락 4개, 자

〈실험방법〉

① 조건에 맞게 계량한 후 가루와 액체는 분리하여 담는다.

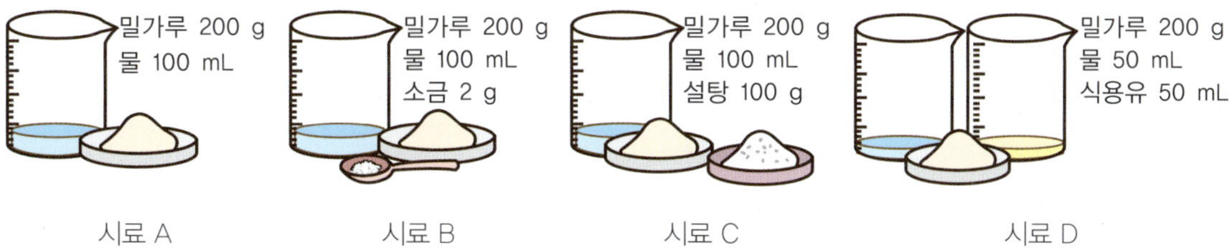

② 가루에 액체를 두 번에 나누어 넣으면서 반죽하여 매끈한 한 덩어리를 만든다.

③ 반죽을 잡아당겨서 끊어질 때까지 최대한 늘어나는 길이를 측정한다(신장성).

④ 반죽을 동그랗게 만들어 직경을 측정한다.

⑤ 190~200℃로 예열된 오븐에 반죽을 넣어 20분 동안 굽는다.

⑥ 구운 후 반죽의 직경을 측정하고, 먹어 보며 모양과 질감을 비교 · 관찰한 후 평가표에 기록한다.

〈실험결과〉

시료	신장성(㎝)	굽기 전 반죽의 무게 (g)	굽기 전 반죽의 직경 (㎝)	구운 후 반죽의 무게 (g)	구운 후 반죽의 직경 (㎝)	구운 후 반죽의 조직
A						
B						
C						
D						

* 구운 후 반죽의 조직은 묘사법으로 설명한다.

〈실험고찰〉

1. 소금, 설탕, 지방이 각각 글루텐 형성에 미치는 영향은 어떠한가?

2. 밀가루 반죽에 소금, 설탕, 지방을 첨가하여 조리에 활용한 것은 무엇인가?

실험 4-3

팽창제의 종류에 따른 가스 발생력

〈실험목적〉

팽창제의 종류에 따른 가스 발생력의 차이를 비교한다.

〈실험재료 및 분량〉

달걀 1개, 물 200 mL, 베이킹파우더 A 0g , B 3g, C 5g

〈실험기기 및 기구〉

볼, 저울, 메스실린더(250 mL) 3개, pH 미터(pH 시험지), 피펫, 유리봉

〈실험방법〉

① 달걀에서 난백을 분리하여 물 200 mL를 넣고 거품이 나지 않게 잘 섞는다.

② 메스실린더에 베이킹파우더 A, B, C를 각각 넣는다.

③ ②에 ①을 25 mL씩 넣고 2~3회 흔들어 섞는다.

④ 5분 후와 10분 후에 생성된 거품의 양을 측정한다.

⑤ ④의 pH를 측정한다.

〈실험결과〉

시료	5분 후 거품 양(mL)	10분 후 거품 양(mL)	pH
A			
B			
C			

〈실험고찰〉

1. 거품 발생이 빠른 시료는 어떤 것인가?

2. 거품 발생이 많은 시료는 어떤 것인가?

3. 거품 발생이 차이가 나는 이유는 무엇인가?

CHAPTER 05

두류를 이용한 실험

1. 두류의 종류

두류는 종류에 따라 성분의 함량이 다르다. 단백질과 지질의 함량이 높고 탄수화물이 비교적 적은 대두, 땅콩 등과 단백질과 탄수화물의 함량이 높고 지질이 적은 팥, 동부, 녹두, 완두, 강낭콩 등으로 나눌 수 있다. 한편, 풋콩, 풋완두 등은 채소처럼 수분과 비타민 C의 함량이 높다.

〈표 5-1〉 두류의 종류

분류	종류
단백질과 지질의 함량이 높은 것	대두, 땅콩
단백질과 당질의 함량이 높은 것	팥, 동부, 녹두, 완두, 강낭콩
비타민 C 함량이 높고 채소류의 성질을 지닌 것	풋콩, 풋완두

2. 두류의 구조

두류는 종피, 자엽, 배아로 구성되어 있으며, 각 부분의 비율은 종피가 6~9%, 자엽이 90~92%, 배아가 2% 정도이다. 식용하는 부분은 자엽이며, 종피는 표면이 각피층으로 되어 있어 물이 침투하기 어렵고 단단하다. 또한, 조섬유가 많고 세포막이 헤미셀룰로스(hemicellulose)로 되어 있어 소화가 어렵다. 배아 부분은 콩의 종피 제거 시 쉽게 자엽에서 분리된다.

3. 두류의 조리 특성

두류는 대부분 건조하여 저장하기 때문에 조직이 단단하므로 조리하기 전에 장시간 물에 담가서 수분이 충분히 흡수되도록 한 후 가열 조리하는 것이 좋다. 조리하지 않고 섭취하면 유해한 물질인 사포닌(saponin), 트립신 저해제(trypsin inhibitor)와 헤마글루티닌(hemagglutinin)으로 인하여 소화 흡수율이 낮고, 설사 등의 부작용이 일어날 수 있으나 가열하면 파괴된다.

1) 수분의 흡수

건조한 두류는 외피가 단단하므로 미리 물에 담가 충분히 수분을 흡수시킨 후에 가열해야 균일하게 익힐 수 있고 조리 시간도 단축할 수 있다. 실온에서 대두는 5~6시간, 팥과 녹두는 20시간 정도 담가 두면 원래 무게의 90% 이상의 수분을 흡수한다. 수분의 흡수 속도는 두류의 종류, 물의 온도 등에 따라 다르다.

(1) 두류의 종류

대두는 단백질 함량이 높아 수분이 내부로 침투하는 속도가 느리므로 미리 물에 불려서 천천히 가열하면 부드러워진다. 팥과 녹두는 종피가 단단해서 통째로는 수분의 흡수가 느리지만, 내부는 전분 함량이 높기 때문에 수분을 잘 흡수하여 쉽게 연해지므로 물에 불리지 않고 바로 삶아 껍질을 연화시키는 것이 좋다.

(2) 물의 온도

수분의 흡수 속도는 수온에 따라 달라지는데, 콩 중량의 90~100%의 물이 흡수된다. 20°C에서는 4~5시간, 40°C에서는 2~3시간, 60~98°C에서는 40분~1시간이 필요하다.

2) 연화

건조한 콩을 침수시킬 때 1%의 소금물에 담가 두었다가 그 용액에서 직접 가열하면 콩이 훨씬 부드럽게 익는 것을 연화라 한다. 이러한 콩의 연화는 콩의 주요 단백질인 글리시닌(glycinin)이 소금과 같은 중성염 용액에 잘 용해되기 때문이다. 콩의 섬유소는 중조 등 알칼리성 용액에 연화되는 성질이 있지만 조리 시 경수를 사용하면 경수 중의 칼슘과 마그네슘 이온이 콩의 펙틴(pectin) 물질과 결합해 콩의 연화를 저해한다. 중탄산나트륨이나 탄산칼슘 등 알칼리성 물질은 섬유소가 연화되고 팽윤되므로 쉽게 물러지지만 질감과 색이 좋지 않고, 티아민이 파괴되므로 주의해야 한다.

3) 용해성과 응고성

대두를 물과 함께 분쇄하면 대두의 글로불린 단백질인 글리시닌(glycinin)과 알부민 단백질인 레규멜린(regumelin)이 약 90%까지 용출된다. 글리시닌은 열에는 안정하지만, 등전점인 pH 4~5 정도의 산이나 금속염(칼슘염, 마그네슘염)에 의해 응고 · 침전이 일어나고, 이와 같은 성질을 이용하여 두부를 제조한다. 염석 효과는 단백질 용액에 고농도의 무기염류를 넣으면 단백질의 용해도가 감소하여 응고되는 현상을 말한다. 응고제로는 황산칼슘, 염화마그네슘, 황산마그네슘, 염화칼슘, 글루코노델타락톤, 아세트산 등이 있고 응고제의 종류에 따라 두부의 텍스처가 달라진다. 마그네슘염의 경우 빨리 응고되고 단단한 두부를 형성하는 반면, 칼슘염을 첨가하면 서서히 응고되고 부드러운 두부를 형성한다. 응고제 사용량은 대두의 1~2% 정도가 적당하며, 응고제의 양이 많고 가열 온도가 높을수록 단단한 두부를 형성한다.

4) 기포성

팥, 녹두, 대두 등에는 사포닌(saponin)이 함유되어 있어 삶을 때 거품이 많이 발생한다. 사포닌은 위와 장을 자극하므로 설사를 할 수 있다.

5) 산화

대두와 땅콩은 지방 함량이 높을 뿐만 아니라, 리놀레산(linoleic acid)과 리놀렌산(linolenic acid) 등 불포화지방산의 함량이 높으므로 공기 중의 산소와 접촉하면 쉽게 산화되어 콩 비린내나 산패취가 나게 된다. 따라서 대두나 콩나물을 삶을 때 비린내가 나지 않게 하려면 산소와의 접촉을 막기 위해 뚜껑을 닫고 끓여야 한다.

4. 두류의 이용

두류는 두유, 두부 등 간단한 가공처리를 하거나 된장, 간장 등으로 발효하여 이용하고, 콩나물, 숙주나물 등으로 발아하여 이용하기도 한다. 또 기름이나 단백질을 추출하여 콩기름이나 콩단백으로도 이용한다.

1) 두유

두유는 대두를 충분히 불려 팽윤되면 물과 함께 분쇄한 후 끓이고 압축 여과하여 만든다. 두유는 우유에 비해 칼슘, 비타민 A, 비타민 B_{12}, 메티오닌 등이 적게 함유되어 있으나 단백질 함량이 높고 소화 흡수가 잘 되는 식품이다.

2) 두부

대두 단백질인 글리시닌과 레규멜린은 등전점인 pH 4~5에서 대부분 불용성이 되며, 칼슘염이나 마그네슘염의 묽은 용액에서도 응고(염석)가 일어나는데 이를 이용해 두부를 제조한다. 두부는 불린 콩을 분쇄한 후 끓여서 불용성 성분을 제거하고 응고제를 넣어 대두 단백질인 글리시닌을 유지 성분과 함께 응고시킨 것을 압착한 것이다. 두부는 가열 조리 시 급격하게 단단해지는데 0.5~1% 소금을 가하면 이를 방지할 수 있다.

〈표 5-2〉 두부 응고제의 종류

응고제	첨가 시 두유 온도	용해성	장점	단점
염화칼슘 CaC_2+2H_2O	75~80℃	수용성	• 응고 시간이 빠르다. • 보존성이 양호하다. • 압착 시 물이 잘 빠진다. • 동두부 제조 시 사용한다.	• 수율이 낮다. • 두부가 약간 거칠고 단단하다.
황산칼슘 $CaSO_4+2H_2O$	80~85℃	난용성	• 두부 색이 우수하고 탄력성이 있다. • 맛이 뛰어나다.	• 난용성으로 더운물에 20배로 희석해서 사용한다. • 겨울철에는 사용이 어렵다.
염화마그네슘 $MgCl_2+6H_2O$	75~80℃	수용성	• 응고제로 주로 사용한다. • 맛이 뛰어나다.	• 강한 쓴맛이 있다. • 압착 시 물이 잘 빠지지 않는다. • 순간적으로 응고되므로 고도의 기술이 필요하다.
글루코노델타락톤 $C_2H_{10}O_6$	85~90℃	수용성	• 사용이 쉽고 응고력이 우수하다. • 수율이 높다. • 연두부용으로 사용한다.	• 약간의 신맛이 있다.

3) 장류

대두 발효식품인 장류로는 된장, 간장, 고추장 등이 있다. 대두를 쪄서 메주를 만들어 띄우고, 띄운 메주를 소금으로 간을 맞춰 발효시킨 후 걸러서 숙성시킨 것이 된장이며, 거른 액을 100℃ 이상에서 10~20분간 끓여 미생물과 효소를 불활성화시켜 달인 것이 간장이다. 고추장은 찹쌀, 보리, 밀 등에 엿기름을 넣고 삭힌 다음 메줏가루와 고춧가루를 넣고 소금으로 간을 맞추어 발효시킨 장류이다.

4) 콩나물

대두의 종실을 발아시킨 것이 콩나물이다. 콩 자체에 적은 비타민 C가 발아 과정에서 합성되어 비타민 C의 함량이 높아지며, 단백질, 무기질, 비타민, 식이섬유가 비교적 많이 함유되어 있다. 또한, 콩나물 뿌리 부분에 많이 들어 있는 아스파라긴(asparagine)은 알코올 분해 효소의 생성을 돕고 간을 보호해 주기 때문에 숙취해소에 효과적이다.

실험 5-1

두류의 흡수율

〈실험목적〉

두류의 종류별 수분 흡수율을 확인한다.

〈실험재료 및 분량〉

노란콩 200 g(50 g×4), 검정콩 200 g(50 g×4), 녹두 200 g(50 g×4),
물 3,600 mL(300 mL×12)
※ 시료는 계절에 따라 완두, 동부, 강낭콩 등 종류를 다르게 할 수 있다.

〈실험기기 및 기구〉

저울, 메스실린더, 타이머, 볼, 체

〈실험방법〉

① 각 시료 50 g에 30~35℃에서 가온된 물 300 mL를 넣고 불리면서 10분, 30분, 60분 간격으로 시료의 무게를 측정한다.
② 각 시료의 무게를 측정할 때는 체에 밭쳐 수분을 뺀 후 5분 뒤 두류의 무게만을 측정한다.
③ 무게를 측정한 두류의 단단한 정도는 순위법으로 평가하고, 외관 변화는 묘사법으로 분석한다.

〈실험결과〉

시료	10분 후 무게(g)	30분 후 무게(g)	60분 후 무게(g)	흡수율 (%)	경도	외관
대두						
팥						
녹두						

* 수분 흡수 후 시료의 경도는 순위법으로 평가하고, 외관은 묘사법으로 설명한다.

$$\text{흡수율(\%)} = \frac{\text{불린 후 시료 무게(g)} - \text{불리기 전의 시료 무게(g)}}{\text{불리기 전의 시료 무게(g)}} \times 100$$

〈실험고찰〉

1. 두류의 종류별 수분 흡수율은 어떠한가?

2. 두류의 종류에 따라 수분 흡수율이 다른 이유는 무엇인가?

3. 두류의 종류별 수분 흡수 후 경도와 외관은 어떠한가?

실험 5-2 첨가물에 의한 콩의 연화

〈실험목적〉

첨가 물질에 의한 콩의 연화 정도를 확인한다.

〈실험재료 및 분량〉

건조 콩(하루 전에 불림) 80 g(20 g×4), 소금 10 g, 중조 2.5 g, 식초 30 mL, 물 1,600 mL(400 mL×4)

〈실험기기 및 기구〉

저울, 메스실린더, 냄비 4개, pH 미터(pH 시험지), 볼 4개, 체

〈실험방법〉

① 조리수를 다음 조건으로 만들어 각각 pH를 측정한 후 불린 콩을 넣고 30분 정도 끓인다.

시료 A　　시료 B　　시료 C　　시료 D

② 끓인 콩을 체에 건져 조직감을 묘사법으로 평가하고, 연한 정도를 순위법으로 평가한다.

〈실험결과〉

시료	조리수의 pH	조직감	연화 정도
A			
B			
C			
D			

* 시료의 조직감은 묘사법으로 설명하고, 연화 정도는 순위법으로 평가한다.

〈실험고찰〉

1. 첨가 물질에 의한 콩의 연화 정도는 어떠한가?

2. 콩의 연화를 위한 다른 방법은 무엇인가?

실험 5-3

응고제에 따른 두부의 특성

〈실험목적〉

응고제에 의한 콩 단백질의 응고 원리를 이해하고 두부의 제조 과정을 확인한다.

〈실험재료 및 분량〉

글루코노델타락톤 4 g, 염화마그네슘 4 g, 물 1 C(½ C×2),
생콩물 400 mL(200 mL×2)
※ 다른 응고제를 사용할 수 있다.

〈실험기기 및 기구〉

냄비 2개, 나무 주걱, 두부 성형 틀, 체(면보), 온도계, 볼, 저울

〈실험방법〉

① 글루코노델타락톤과 염화마그네슘을 각각 물 ½ C에 녹인다.
② 생콩물을 큰 냄비에 붓고 눌어붙지 않도록 잘 저은 후, 콩국 온도가 80~85℃가 되면 응고제를 3~4회로 나누어 서서히 넣어 주면서 주걱으로 조심스럽게 섞는다.
③ 엉기기 시작하면 젓지 말고 5~10분 정도 방치하여 황갈색의 맑은 용액이 분리되면 두부가 응고된 것이다.
④ 면보를 깐 두부 성형 틀에 ③을 넣어 면보를 덮고 무거운 것으로 눌러 물이 빠지면 응고물이 성형된다.
⑤ 두부를 적당한 크기로 잘라 맛, 색, 자른 단면의 상태를 묘사법으로 평가한다.

〈실험결과〉

시료	수율(%)	경도	맛	색	자른 단면의 상태
글루코노델타락톤					
염화마그네슘					

* 시료의 경도는 순위법으로 평가하고, 맛, 색, 자른 단면의 상태는 묘사법으로 설명한다.

〈실험고찰〉

1. 두부의 제조 원리는 어떠한가?

2. 두부 응고제에 따른 두부의 특성은 어떠한가?

CHAPTER 06

당류를 이용한 실험

1. 당류의 특성

단맛은 인류가 가장 좋아하는 맛 중의 하나로 식품에 함유된 여러 물질에 의해 발현된다. 당류는 그 종류, 입체 구조 등에 따라 정도의 차이는 있으나 일반적으로 단맛을 가지고 있다. 당류는 분자량이 증가함에 따라서 단맛이 감소하는데 분자의 크기가 증가하여 용해도가 감소하기 때문이다. 천연 당류 중에서 단당류는 가수분해에 의해 더 이상 분해되지 못하는 당을 말하고, 단당류가 2개 결합한 것을 이당류, 3개 결합한 것을 삼당류, 4개 결합한 것을 사당류라 하며, 이당류, 삼당류, 사당류를 소당류라 총칭한다. 일반적으로 당류는 단당류와 소당류까지를 지칭하며, 다당류와 구별한다.

1) 감미도(Degree of sweetness)

천연에 존재하는 모든 당류는 동일하게 1 g당 4kcal의 열량을 내지만 단맛을 나타내는 상대적인 감미도는 다르다. 이론적으로 단맛이 강한 당은 단맛이 약한 당에 비해 사용량이 적으므로 열량은 적게 낼 수 있다. 10% 설탕 용액의 단맛을 100으로 하여 각 당류의 상대적인 단맛의 강도를 상대적 감미도(relative sweetness)라고 한다. 상대적 감미도는 측정하는 사람들의 주관적인 판단에 따라 정해지므로 연구자나 연구방법 등에 따라 차이가 있으나, 일반적으로 과당(fructose) →

〈표 6-1〉 감미료의 당도 비교

물질	당도(Brix)	물질	당도(Brix)
유당(lactose)	16	설탕(sucrose)	100
갈락토스(galactose)	32	과당(fructose)	173
맥아당(maltose)	33	아스파탐	2,000
포도당(glucose)	74	스테비오사이드	3,000
솔비톨(sorbitol)	80	사카린	5,000

전화당(invert sugar) → 설탕(sucrose) → 포도당(glucose) → 맥아당(maltose) → 갈락토스(galactose) → 유당(lactose)의 순으로 강도가 높다. 과당은 온도가 낮을수록 단맛이 강해져 과당이 많은 과일은 차게 해서 먹는 것이 더 달다.

2) 흡습성(Hygroscopicity)

당은 공기 중의 수분을 흡수하며, 온도가 증가할수록 흡습량도 증가한다. 설탕은 흡습성으로 보관 시 덩어리가 질 수 있으며, 일부 제빵류의 경우 당의 흡습성으로 신선도와 촉촉함이 유지될 수 있다.

3) 용해도(Solubility)

당류의 종류와 물의 온도에 따라 용해도는 달라진다. 즉, 물의 온도가 증가할수록 일정량의 물에 용해되는 당류의 양도 증가하며, 용해도는 식품의 텍스처에 중요한 영향을 끼친다. 당류의 용해도는 온도에 따라서 다른데, 설탕은 0°C에서는 100 mL의 물에 179 g이 용해되지만 100°C에서는 487 g이 용해되는 것과 같이 온도가 높을수록 당류는 더욱 잘 용해된다. 당의 용해도에 따라 불포화, 포화, 과포화용액으로 분류된다. 과당은 용해도가 높아 캔디와 같은 식품에서 다른 당을 함유한 경우보다 훨씬 더 부드럽다. 유당은 우유 속의 용해도가 매우 낮아 아이스크림 제조에 필요한 낮은 온도에서 유당의 결정이 형성되고 그 결과 먹을 때 입안에서 모래 같은 촉감을 느끼게 하는 문제를 유발한다.

4) 가수분해(Hydrolysis)

이당류는 산, 효소 및 가열에 의해 가수분해된다. 설탕의 경우 가수분해에 의해 포도당과 과당이 1:1로 생성되는 등량혼합물인 전화당이 생성된다. 일반적으로 순수한 설탕보다는 전화당으로 존재할 때 전체의 용해도는 증가하며, 가수분해에 의해 과당이 생성되기 때문에 전화당은 설탕보다 단맛이 더 강하다. 캔디를 제조할 때도 당의 가수분해가 일어나는데 그 정도는 가열 속도와 사용되는 성분에 따라 달라진다.

2. 당류의 조리 시 변화

1) 당류의 갈색화

(1) 캐러멜 반응(Caramelization)

당이 녹을 정도의 고온으로 가열하면 여러 단계의 화학반응을 거쳐 보기 좋은 연한 금갈색에서 점차 진한 갈색으로 변하다가 결국 눋거나 타게 되는데, 이를 당의 캐러멜 반응(caramelization)이라고 한다. 당류의 캐러멜화는 색깔의 변화와 함께 당류 유도체 혼합물의 변화로 향미의 변화가 동시에 일어난다. 캐러멜 반응에 의한 갈변은 메일라드 반응과는 달리 아미노화합물이나 유기산이 존재하지 않는 상황에서 당류의 가열로 인한 산화 및 분해 산물에 의한 중합 · 축합으로 갈색 물질을 생성한다. 따라서 캔디류와 같이 식품의 가열 공정에서 흔히 일어나며, 메일라드 반응에 의해 주로 색깔이 형성되는 간장에서도 일부 기여한다.

[그림 6-1] 캐러멜화

(2) 메일라드 반응(Maillard reaction)

메일라드 반응은 당류가 아미노산과 같은 질소화합물과 상호 반응하여 멜라노이딘이라는 갈색 색소를 만드는 것으로 효소가 관여하지 않는 비효소적 갈변반응으로 가장 중요한 반응이다. 거의 모든 식품은 함량 차이는 있지만 당류와 아미노산, 펩타이드, 단백질 모두를 함유하고 있기 때문에 메일라드 반응은 대부분의 모든 식품에서 자연 발생적으로 일어난다. 오븐에서 빵을 구울 때 빵의 노출된 겉 부분은 뜨거운 열에 메일라드 반응을 일으켜 갈색으로 변하게 되며, 이때 빵은 보기 좋은 갈색으로 변하면서 구수한 맛을 내게 된다. 간장 특유의 냄새나 맥주, 커피, 쿠키 등 대부분 식품의 특유한 색깔과 맛, 냄새 등도 대부분 메일라드 반응에 의한 것이다.

[그림 6-2] 메일라드 반응

2) 당의 결정화(Crystallization)

당용액은 용매에 용해되는 당의 양에 따라 불포화, 포화, 과포화용액으로 구분된다. 과포화용액은 용매에 녹을 수 있는 양보다 용질의 양이 많아 저어 주거나 충격을 가하면 결정을 형성하기 쉽다. 당의 결정 형성 여부에 따라 결정형 캔디와 비결정형 캔디로 나눌 수 있다. 당의 결정화에 영향을 주는 요인은 다음과 같다.

(1) 당용액의 종류

당용액을 이루는 용질의 종류에 따라 다른 결정을 형성하며, 포도당보다 설탕이 결정 형성 속도가 빠르다.

(2) 용액의 농도

설탕 용액이 농축될수록 과포화도는 높아지고, 과포화도가 높을수록 결정의 크기는 작아지고 숫자는 많아진다. 왜냐하면, 과량의 설탕이 농축되어 있는 상태이므로 결정이 생기기 시작할 때 더 많은 수의 핵이 형성되어 크기가 작은 결정이 많이 형성되기 때문이다. 결정의 크기가 작아지는 또 다른 이유는 당용액이 많이 농축될수록 점성이 증가하기 때문에 성장하고 있는 결정의 표면으로 설탕 분자가 빨리 이동하지 못하여 성장이 느려지고 결과적으로 큰 결정이 만들어지지 못한다.

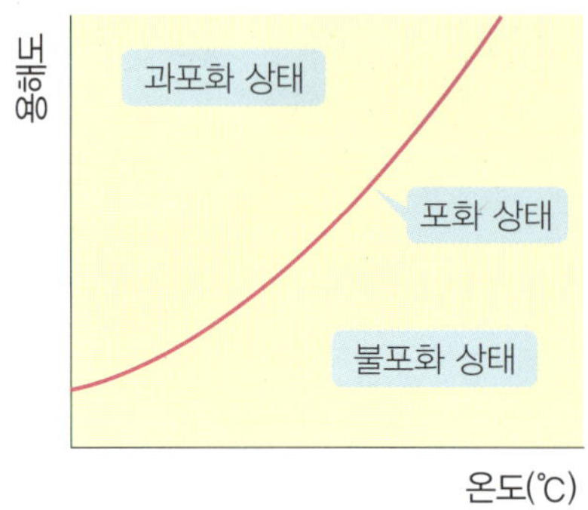

[그림 6-3] 용해도 곡선

[그림 6-4] 설탕 결정

(3) 용액의 냉각 온도

가열한 설탕 용액을 냉각시켜 결정이 형성되기 시작할 때의 온도가 높으면 과포화도가 낮기 때문에 결정의 수는 적고 크기는 크며, 더 규칙적인 결정이 생겨 거칠어진다. 그 이유는 고온에서는 용액의 유동성이 커서 설탕 분자의 이동이 쉽기 때문이다. 따라서 많은 수의 작은 결정이 형성되도록 정확한 온도까지 냉각하는 것이 부드러운 캔디 제조에 매우 중요하다.

(4) 젓는 속도

과포화용액은 일단 일정한 온도로 식힌 후에 빠르게 저어 주어야 하는데, 그 이유는 쉽게 핵이 형성되어 결정화가 잘 되기 때문이다. 또한, 과포화 설탕 용액을 저어 주면 결정 표면에 설탕 분자가 쌓이는 것이 방지되므로 결정의 크기가 작다. 반면에 잠시만 저어 주고 그대로 방치해 두면 소량의 핵이 형성된 후 나머지 설탕 분자들이 질서정연하게 자리를 잡아 쌓이므로 큰 결정이 만들어진다. 따라서 폰당 같은 결정형 캔디는 계속 저어 미세한 결정을 만들어야 좋은 캔디가 된다. 한편, 높은 온도에서 젓기 시작하면 결정의 크기가 커져서 거칠게 되므로 유의한다.

(5) 결정 형성 방해물질

과포화 설탕 용액 안에 불순물이 미량이라도 존재하면 설탕 결정의 성장이 저해된다. 달걀흰자, 젤라틴, 시럽, 꿀, 우유, 크림, 초콜릿, 한천, 유기산, 전화당 등 설탕 이외의 물질은 핵 주위를 둘러싸서 결정이 생기는 것을 방해한다. 그 이유는 성장하고 있는 설탕 결정의 표면에 이물질이 흡착하기 때문이다. 즉, 설탕 결정이 성장하기 위해서는 결정이 질서정연한 배열이 격자를 이루어야 하는데, 만약 설탕 분자와 크기와 성질이 다른 이물질이 끼어들면 질서정연한 격자 구조가 만들어질 수 없다. 따라서 결정의 성장이 정지되거나 결정의 크기가 작아지게 된다.

3) 식품 텍스처 변화

당은 조리 시 여러 식품의 텍스처에 상당히 중요한 영향을 미친다. 케이크의 경우 설탕 함량이 증가할수록 부피가 증가하고 점점 더 부드러워진다. 또한, 머랭에서 달걀흰자로 만든 기포는 설탕에 의해 안정화되며 휘핑을 많이 할수록 설탕은 기포의 크기를 더 작게 하여 미세한 텍스처를 제공한다. 푸딩을 만들 때 설탕은 연화제의 역할을 하므로 설탕 함량이 많을수록 단백질 응고를 위해 더 높은 온도로 가열해야만 한다. 당은 이스트 발효에 사용되어 알코올과 탄산가스를 형성하여 빵 반죽을 부풀게 하여 식품의 조직감에도 영향을 준다.

4) 식품 저장성 향상

설탕은 전분의 노화를 억제하고, 방부성이 있어 50% 이상의 설탕 용액은 효모나 세균의 번식을 억제하여 저장성을 부여한다. 또한, 설탕은 산화를 방지하므로 껍질 벗긴 과일을 설탕물에 넣으면 효소적 갈변을 억제할 수도 있다.

실험 6-1

당 종류에 따른 감미도의 상대적 비교

〈실험목적〉

설탕을 표준 감미물질로 하여 과당, 포도당, 맥아당, 인공감미료의 상대적 감미도를 알 수 있다.

〈실험재료 및 분량〉

설탕 10 g, 과당 10 g, 포도당 10 g, 물 1,000 mL(각 1% 농도로 제조)

아스파탐 0.1 g, 사카린 0.1 g, 물 1,000 mL(각 0.01% 농도로 제조)

〈실험기기 및 기구〉

비커 1,000 mL 5개, 메스실린더, 종이컵 6개/인, 당도계, 저울

〈실험방법〉

① 설탕, 과당, 포도당, 맥아당을 각각 측량하여 1% 농도 용액으로 만든다.

② 아스파탐과 사카린은 0.01% 농도로 만든다.

③ 종이컵에 각 용액을 30 mL 정도씩 담아 관능평가한다.

④ 한 시료를 맛본 후 생수로 입을 헹군 다음 다른 용액을 관능평가한다.

⑤ 설탕 용액 감미도를 100으로 하여 다른 시료 감미도 수치를 상대적으로 적는다.

⑥ 다른 조원들 값과 비교해 보고 시료별 평균값을 산출한다.

⑦ 당도계를 이용하여 각 용액의 당도를 측정한다.

⑧ 아스파탐과 사카린 농도는 100배로 환산하여 평가한다.

시료 측량

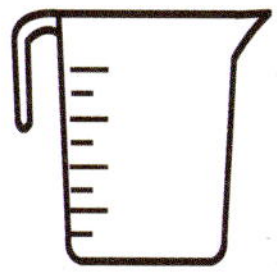
물 1 L 붓기

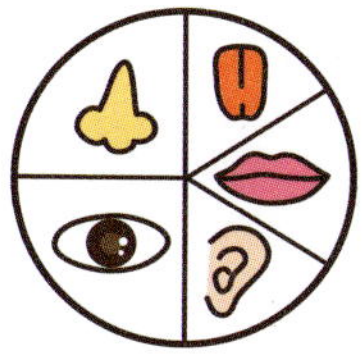
관능평가

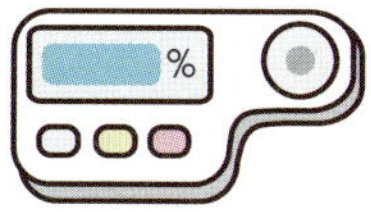
당도 측정

〈실험결과〉

종류	관능평가			당도계		묘사
	감미도	평균값	순위	당도(Brix)	순위	
설탕	100	100				
과당						
포도당						
맥아당						
아스파탐						
사카린						

* 난수표를 이용하여 Blind test한다.

〈실험고찰〉

1. 설탕이 감미도의 표준물질이 되는 이유는 무엇인가?

2. 당 종류에 따른 감미도를 나열해 보자.

3. 인공감미료의 감미도가 높은데도 열량을 거의 내지 않는 이유는 무엇인가?

실험 6-2

온도에 따른 당류의 감미도 차이

〈실험목적〉

보관 온도에 따른 당류의 감미도 차이를 알 수 있다.

〈실험재료 및 분량〉

포도당 60 g, 꿀 60 g, 제철 과일 과즙 600 mL, 물 1,200 mL(600 mL×2)

〈실험기기 및 기구〉

비커, 당도계, 냉장고(얼음), 가열기구, 종이컵, 착즙기

〈실험방법〉

① 비커에 포도당, 꿀을 각각 60 g씩 측량 후 물 600 mL를 넣어 10% 농도로 만든다.

② 당도가 높은 제철 과일을 착즙하여 600 mL를 취한다.

③ 당도계를 활용하여 3가지 시료의 상온에서의 당도를 측정한다.

④ 각 시료를 200 mL씩 3등분하여 냉장 · 상온 · 보온 상태로 나눈다.

⑤ 3등분을 한 시료 중 하나는 얼음을 채워 시료 온도가 4℃ 내외가 되고 하고, 하나는 20℃ 내외 상온에 두며, 나머지 하나는 가열하여 60℃ 내외가 되게 한다.

⑥ 세 가지 온도 조건의 시료를 관능평가하여 상온의 포도당 감미도를 100으로 하여 상대적 감미도를 측정한다.

⑦ 전 시료의 당도를 당도계로 측정한 후 온도 변화에 따른 당도 변화를 관찰한다.

시료 제조

과일 착즙

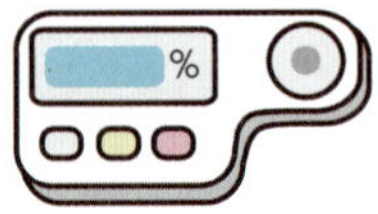

당도 측정

보관

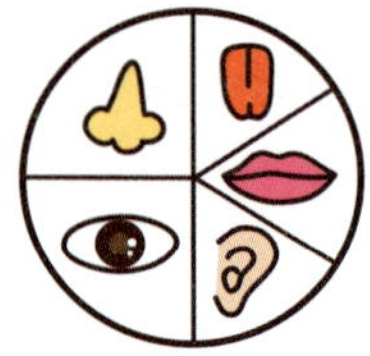

관능평가

〈실험결과〉

종류		관능평가			당도계		묘사
		감미도	평균값	순위	당도(Brix)	순위	
포도당	냉장						
	상온	100	100				
	보온						
꿀	냉장						
	상온						
	보온						
과즙	냉장						
	상온						
	보온						

〈실험고찰〉

1. 온도에 따라 당류 감미도에 변화가 있었는가?

2. 감미도 변화가 있었다면 그 이유는 무엇인가?

3. 과일의 당도를 높이는 보관방법에는 어떠한 것이 있는가?

실험 6-3

물 온도에 따른 설탕 용해도와 결정 특성

〈실험목적〉

물 온도에 따른 설탕의 용해도 변화와 당류 결정 특성을 알 수 있다.

〈실험재료 및 분량〉

- 20°C 물 400 mL(100 mL×4), 설탕(100 g, 200 g, 300 g)
- 50°C 물 400 mL(100 mL×4), 설탕(200 g, 300 g, 400 g)
- 95°C 물 400 mL(100 mL×4), 설탕(400 g, 500 g, 600 g)

얼음

〈실험기기 및 기구〉

비커 12개, 온도계, 냄비, 가열기구, 은박지, 젓개(Stirrer), 볼

〈실험방법〉

① 비커 3개에 각각 20°C의 물을 100 mL씩 넣고 설탕을 각각 100 g, 200 g, 300 g 넣은 후 녹을 때까지 젓는다.

② 4번째 비커에 20°C의 물을 100 mL 넣고 세 설탕 용액의 용해도를 근거로 설탕의 양을 가감하여 더 이상 설탕이 녹지 않는 포화용액을 만든다.

③ 20°C 온도에서의 설탕 포화용액의 용해도를 알아본다.

④ 50°C 물과 95°C 물에서도 ①, ②, ③과 같은 방법으로 온도별 설탕 포화용액 용해도를 찾는다.

⑤ 위 용액 모두를 얼음물에 채워 4°C까지 냉각시킨 후 변화를 관찰하고 기록한다(냉장 · 냉동고를 활용해도 좋다).

물에 설탕 넣기 / 저어 녹이기 / 뜨거운 물 / 4℃ 냉각

〈실험결과〉

수온	설탕	용액 상태	용해도	냉각	상태	변화(묘사)
	100 g					
20℃	200 g		g/100 mL			
	300 g					
	200 g					
50℃	300 g		g/100 mL	4℃		
	400 g					
	400 g					
95℃	500 g		g/100 mL			
	600 g					

* 용해도(solublity, g): 용매 100 g에 녹을 수 있는 용질의 최대량으로 용질의 그램 수(g)

〈실험고찰〉

1. 온도에 따른 설탕 용해도는 어떻게 변화하였는가?

2. 당류 용해도에 영향을 미치는 요인에 대해 설명하시오.

〈실험고찰〉

3. 설탕 용액 냉각 이후 결정 상태를 비교해 보고 차이 원인을 설명하시오.

4. 당류 용해도가 당류의 결정에 어떠한 영향을 미치는지 설명하시오.

실험 6-4

당류의 결정화

〈실험목적〉

설탕 시럽과 캔디 만들기를 통하여 당류 결정화에 영향을 주는 요인을 설명할 수 있다.

〈실험재료 및 분량〉

1. 설탕 시럽

A(설탕 65 g + 물 350 mL), B(설탕 65 g + 물 350 mL + 젓는다)

C(설탕 65 g + 물 350 mL + 꿀 1 Ts), D(설탕 65 g + 물 350 mL+꿀 1 Ts + 젓는다)

2. 비결정화 캔디

A(설탕 250 g, 물엿 160 mL, 물 160 mL, 버터 1 ts, 중조 1 ts, 바닐라향 0.5 ts)

B(설탕 250 g, 물엿 160 mL, 물 160 mL, 버터 1 ts, 바닐라향 0.5 ts)

〈실험기기 및 기구〉

계량컵, 계량스푼, 온도계, 나무 주걱, 냄비, 팬, 밀대, 조리기구

〈실험방법〉

1. 설탕 시럽

① 설탕과 물을 분량대로 혼합하여 끓인다.

② A 시료는 110℃까지 끓인 후 그대로 식힌다.

③ B 시료는 110℃까지 끓인 후 불에서 내려 조금 식힌 후 젓는다.

④ C 시료는 꿀을 섞어 110°C까지 끓인 후 식힌다.

⑤ D 시료는 꿀을 섞어 110°C까지 끓인 후 식힌 다음 젓는다.

⑥ 네 가지 시료를 20°C까지 물로 식힌 후 결정 상태를 관찰한다.

시료 준비 가열하기 젓기&그대로 두기 냉각시키기

2. 캔디 만들기

① 냄비에 설탕, 콘시럽, 물을 넣고 설탕이 다 녹을 때까지 저으면서 가열한다.

② 설탕이 다 녹으면 버터를 넣고 온도계로 146°C가 될 때까지 가열한다.

③ 시료 온도가 146°C까지 올라가면 시럽을 불에서 내리고 A는 중조를 넣고 바닐라 향을 넣은 후 잘 섞은 다음 기름 팬에 얇게 편다.

④ 시료 B 온도가 146°C까지 올라가면 시럽을 불에서 내리고 바닐라 향을 넣은 후 잘 섞어 기름 팬에 납작하게 퍼지게 붓는다.

⑤ 시료가 식어 꾸덕꾸덕해지면 밀대로 밀어서 납작하게 한 다음 칼집을 내어 조각을 낸다.

시료 녹이기 146°C 가열 중조+바닐라향 밀대 밀기 조각 내기

〈실험결과〉

표 설탕 시럽

시료	주재료	첨가물	교반	결정 상태
A	설탕 + 물	–	–	
B	설탕 + 물	–	0	
C	설탕 + 물	꿀	–	
D	설탕 + 물	꿀	0	

표 캔디 만들기

	색	경도	씹힘성	부서짐	결정성
A					
B					

〈실험고찰〉

1. 설탕 시럽의 결정화를 방해하는 요인은 무엇인가?

2. 과포화 상태 설탕 용액의 결정화 요인에 대해 설명하시오.

〈실험고찰〉

3. 설탕의 결정화와 비결정화 현상을 이용한 음식이나 조리 과정은 어떠한 것이 있는가?

CHAPTER 07

육류를 이용한 실험

1. 육류의 종류별 특징

1) 쇠고기

소의 원산지는 서부 아시아이며, 우리나라에서는 한우와 비육우가 사육되고 있다. 한우는 5세까지 성장하며, 비육우는 3세에 성우가 된다. 도살우로 좋은 4~6세의 거세된 흑색조의 비육우는 선홍색-적갈색을 띠며, 좋은 풍미와 육질을 보인다. 늙은 소일수록 육색이 어둡고 결체조직이 많아 질기며, 지방은 황색을 띠면서 누린내가 강하다.

쇠고기는 여러 가지 육류 중에서 가장 맛이 좋고 영양가가 높으며 향과 질감 등이 입맛에 맞아 기호도가 높은 편이다.

❖ 조리 시 유의점

무구조충이라는 기생충 사멸을 위해 고기의 내부 온도를 66℃ 이상으로 조리하도록 권장한다.

2) 돼지고기

돼지는 기후 풍토에 대한 적응성이 강하고 새끼가 자라서 도살될 때까지 5개월이 걸린다. 하루에 평균 600 g 정도 체중이 증가하므로 생산성이 좋고 도체율도 다른 가축에 비하여 높은 편이다.

돼지고기는 부위에 따라 육질의 특징이 있으므로 부위별로 적합한 조리법을 적용한다. 색은 담홍색-회적색이며, 근섬유가 섬세하고 고기가 부드러우며 지방은 백색의 가는 입자 모양을 가진다. 품질이 좋은 돼지고기는 쇠고기보다 색이 연하여 담홍색을 띠며 결이 곱고 탄력성이 풍부하며, 보수성(물질이 수분을 보호 유지하는 성질)이 높다. 지방은 피하에 두꺼운 지방층으로 있으며, 근육과 근육 사이나 근육에도 분포되어 있다.

❖ 조리 시 유의사항

선모충과 유구조충이라는 기생충 사멸을 위해 고기의 내부 온도를 77℃ 이상으로 조리하도록 권장한다.

3) 닭고기

닭은 대표적인 가금류로 원래 들닭이었으나 B.C. 1,700년경 인도에서 가축으로 기르기 시작하였다. 우리나라에서 닭을 식용한 역사는 상당히 오래된 것으로 추정되나 문헌에 의한 기록이 없어 확실하지 않다.

닭고기는 수육에 비해 연하고 맛과 풍미가 담백하며, 조리하기 쉽고 영양가도 높아 전 세계적으로 폭넓게 요리에 사용되고 있다. 닭고기는 갓 잡은 것일수록 맛이 좋다.

4) 오리고기

집오리는 유라시아 대륙에서 야생하던 물오리를 중국과 유럽에서 가금화한 것이다.

오리고기는 42~45일(2 kg)이 된 오리에서 얻는다. 고단백식품이며, 리놀레산, 리놀렌산, 아라키돈산, DHA 등 불포화지방산 함량이 포화지방산 함량보다 높은 것으로 알려져 있다. 주로 가슴살을 이용하며, 다리살이나 날개살은 단단하므로 다져서 단자로 둥글게 해서 국 등에 이용한다. 국내에서 오리고기는 훈연 오리고기, 로스구이, 탕 등의 형태로 많이 소비되고 있다. 우리나라의 1인당 오리고기 소비량은 2000년 0.9 kg에서 2011년 2.4 kg으로 약 3배가량 증가하였고, 향후 소비량도 꾸준히 증가하여 2022년에는 3.3 kg으로 증가할 것으로 예상한다.

2. 조리목적

① 세균이나 기생충 사멸로 위생상 안전하게 섭취할 수 있다.

② 맛이나 풍미가 향상된다.

③ 고기의 연화작용으로 소화율이 향상된다.

3. 가열 조리에 따른 육류의 성분과 질감의 변화

고기는 근섬유, 결합조직, 지방으로 구성되어 있다.

1) 근섬유

주로 미오신과 액틴이라는 두 종류의 단백질로 구성되어 있다. 근섬유를 40℃ 이상으로 가열하면 단백질이 변성을 일으키기 시작하여 원래 모양으로 돌아올 수 없도록 모양이 변성된다. 고기는 열을 가할수록 가열 정도에 따라 더 질겨지며, 더 많은 단백질이 변성을 일으키며, 변성된 단백질은 쪼그라들면서 고기를 점점 더 질기게 만든다.

2) 결합조직

근육을 뼈에 연결시키고 근섬유 다발 주위를 둘러싸고 있으며, 가열하기 전에는 씹기에 매우 질기다. 60℃ 이상으로 오랫동안 가열하면 콜라겐의 3중 나선이 분해되면서 질긴 콜라겐이 부드러운 젤라틴으로 변화한다. 고기를 오랫동안 가열하여 익히면 근육은 질기고 결합조직은 부드러워지는데 근육단백질의 부드러움을 보존하면서 결합조직을 연하게 조리하는 접점을 찾는 것이 중요하다. 결합조직이 적은 고기는 짧은 시간 조리하고 결합조직이 많은 고기는 오래 조리하는 것이 좋다.

3) 지방

조리되지 않은 고기에서는 고체이지만 조리 과정에서 녹아 조리하는 팬 속에 고여 향기를 나게 한다. 지방이 고기 속에 적절히 섞여 있어야 부드러운 맛을 내는데 마블링(marbling)이 잘된 고기의 맛이 좋다. 건강 측면에서는 지방이 많은 고기의 섭취는 바람직하지 않을 수 있으며, 마블링이 많을수록 등급이 높았으나 앞으로는 기준이 바뀌어 육색, 지방색 등으로 분류한다.

❖ 마블링(marbling)

근육 내 지방이 흰색의 작은 눈이 내린 것처럼 흩어져 있는 것

- 식육이 연하고 맛과 풍미가 좋다.
- 식육 내의 수분 증발을 억제시켜 씹었을 때 뻣뻣하지 않고 육즙이 풍부하여 촉촉하다.
- 갈비 주위의 살, 안심, 등심 부위가 있다.

❖ 수분

고기의 약 60%는 수분으로 구성되어 있다. 고기를 자르면 물이 조금 흘러나오면서 고기가 촉촉해진다. 이 수분은 대부분 육류의 단백질 속에 갇혀 있으며, 가열되어 단백질이 변성을 일으키면 갇혀 있던 물 중 일부가 빠져나온다. 고기를 튀길 때 뜨거운 기름 속으로 수분이 나오면서 조리된 고기는 다소 바싹 마른 것처럼 보인다.

❖ 고기가 연하려면

- 어린 동물일수록
- 결합조직의 양이 적을수록
- 운동량이 적은 부위일수록
- 근육단백질의 보수성이 높을수록
- 마블링이 잘 될수록

4. 육류의 색소 변화

육류의 붉은색은 미오글로빈(myoglobin, 근육에 존재하는 육색소)과 헤모글로빈(hemoglobin, 혈액에 존재하는 혈색소)에 의해 결정된다. 두 색소 모두 공통적으로 헴(heme) 구조에 철(Fe)을 함유하고 있다.

신선육을 진공포장하거나 고기를 겹쳐 놓았을 때 육류의 색이 적자색(갈색)을 띠는 이유는 산소와의 결합을 차단했기 때문이다. 소비자는 간혹 고기가 상했다고 판단하는데 포장을 개봉하고 공기 중의 산소와 접촉을 하게 되면 적자색의 육류는 다시 선홍색으로 변화된다.

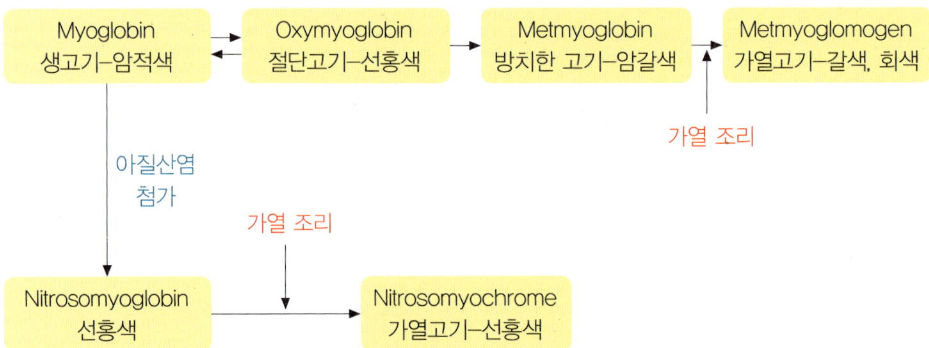

[그림 7-1] 육류 색의 변화

5. 육류의 부위별 특징과 용도

1) 쇠고기

[그림 7-2] 쇠고기의 부위별 명칭

〈표 7-1〉 쇠고기의 부위별 특징 및 용도

부위	소분할 명칭	특징	요리 용도
목심	목심살	• 어깨 위쪽에 붙어 있는 근육으로 여러 개의 다양한 근육이 모여 있고 두꺼운 힘줄이 여러 갈래로 표면에 존재하기 때문에 약간 질긴 편이다.	• 1등급 이상의 고급육에서 일부 스테이크나 구이로 이용되며, 2등급 이하는 불고기, 장조림으로 이용
등심	윗등심살 꽃등심살 아래등심살 살치살	• 등 쪽에 척추 좌우로 원통 모양으로 위치하고 있으며, 비육이 잘 된 소의 경우 마블링이 잘 발달되어 있어 고급 부위로 알려져 있다. • 육질이 곱고 연하며, 지방이 적당히 섞여 있어 맛이 좋다. • 결조직이 그물망 형태로 연하여 풍미로운 맛이 있다.	• 2등급 이상 고급육은 주로 구이나 스테이크로 활용하고, 3등급 등의 저급육은 전골이나 불고기로 이용

부위	소분할 명칭	특징	요리 용도
채끝	채끝살	• 허리 부분(등심 뒷부분에 연결)의 등심과 맞닿은 운동성이 없는 부분으로 등심과 비슷한 모양이다. • 육질이 연하고 지방이 적당히 섞여 있다. • 등심보다는 지방이 적고 살코기가 많다.	• 고급육은 로스구이, 샤부샤부용으로 활용도가 높고, 저급육은 불고기와 국거리로 활용
안심	안심살	• 유일하게 척추 뼈 안쪽에 위치하고 있는 근육으로 움직임이 없어 조직이 부드럽고 연하다. • 저지방으로 담백하며, 육즙이 많고 고깃결이 가늘고 비단결처럼 곱다. • 쇠고기 중 양이 적은 부위로 귀하다. • 요리 시에는 너무 굽지 않도록 하고 변색이 빠른 특징이 있다.	• 고급 스테이크 및 구이용으로 이용
양지	양지머리 차돌박이 업진살 업진안살 치마양지 치마살 앞치마살	• 앞가슴에서 복부 아래쪽에 걸쳐 있는 부위로 결합조직이 많아 육질은 질기다. • 오랜 시간에 걸쳐 끓이는 조리를 하면 맛이 매우 좋다. • 국물 맛이 좋고 육질이 치밀하다. • 업진살과 치마살은 양지 뒤쪽 부분으로 지방과 살코기가 교차하여 풍미가 좋다.	• 양지 대부분은 근육이 단단하여 국거리나 장조림으로 이용 • 차돌박이는 양지 하단 부분 중의 하얀 조직으로 독특한 맛이 있어 얇게 썰어 구이로 사용 • 양지 중 업진안살, 치마양지, 치마살은 구이용으로도 사용
앞다리	꾸리살 부채살 갈비덧살 부채덮개살	• 갈비 바깥쪽에 위치하고 있다. • 내부에 지방층과 근막이 많기 때문에 연한 부위와 질긴 부위가 서로 섞여 있으며, 운동량이 많아 육색이 짙은 것이 특징이다. • 설도, 사태와 비슷한 특징이 있다.	• 꾸리살은 카레, 육회나 칭기즈칸 요리에 사용하고 부채살, 갈비덧살은 구이용, 그 외는 불고기나 장조림용으로 사용
사태	앞사태 뒷사태 뭉치사태 아롱사태 상박살	• 앞 · 뒷다리 사골을 감싸고 있는 부위로 운동량이 많아 색상이 진한 반면 근육다발이 모여 있어 특유의 쫄깃한 맛을 낸다. • 장시간 물에 넣어 가열하면 연해진다. • 기름기가 없어 담백하면서도 깊은 맛이 난다.	• 장조림, 찜, 육회, 탕에 적합

부위	소분할 명칭	특징	요리 용도
갈비	본갈비 꽃갈비 참갈비 갈비살 마구리 토시살 안창살 제비추리	• 육즙과 골즙이 어우러진 부위로 농후한 맛을 낸다. • 갈비살에는 막이 많고 근육이 비교적 거칠고 단단한 부위지만 근내 지방이 많아 맛이 있다.	• 마구리살은 통갈비 상하단 부위로 갈비탕용으로 사용된다. • 갈비살 · 토시살 · 안창살 · 제비추리는 구이용, 그 외에는 찜갈비, 불갈비, 양념갈비 등으로 사용
설도	보섭살 설깃살 설깃머리살 도가니살 삼각살	• 엉덩이살 아래쪽 넓적다리살로서 바깥쪽 엉덩이 부분으로 다소 결이 거칠고 질긴 편으로 우둔과 비슷하며, 부위별 육질 차가 크다.	• 설깃살은 가장 운동량이 많은 부위로 산적, 편육, 불고기로 사용 • 도가니살은 근육 결이 가장 가늘고 부드러워서 육회나 불고기로 사용 • 삼각형 모양의 삼각살과 설깃머리살은 구이, 불고기 전골에 이용 • 보섭살은 막이 적고 맛이 좋아 스테이크로 이용
우둔	우둔살 홍두깨살	• 지방이 적고 살코기가 많다.	• 우둔살은 고기의 결이 약간 굵으나 근육막이 적어 연하여 주물럭, 산적, 육포, 불고기용으로 많이 사용 • 홍두깨살은 결이 거칠고 단단하여 육회나 장조림에 많이 활용

출처: http://www.mtrace.go.kr/informationPartUse.jsp.

2) 돼지고기

[그림 7-3] 돼지고기의 부위별 명칭

〈표 7-2〉 돼지고기의 부위별 특징 및 용도

부위	특징	요리 용도
목심	• 등심에서 목 쪽으로 이어지는 부위로서 여러 개의 근육이 모여 있다. • 근육막 사이에 지방이 적당히 박혀 있어 풍미가 좋다.	구이
등심	• 표피 쪽에 두꺼운 지방층이 덮인 긴 단일근육으로서 고기의 결이 고운 편이다.	폭찹, 돈가스, 스테이크
안심	• 허리 부분 안쪽에 위치하며, 안심 주변은 약간의 지방과 밑변의 근막이 형성되어 있고 육질은 부드럽고 연하다.	탕수육, 구이, 로스, 스테이크
갈비	• 볼기 부위의 고기로서 살집이 두꺼우며 지방이 적은 편이다.	튀김, 불고기, 장조림
앞다리	• 어깨 부위의 고기로서 안쪽에 어깨뼈를 떼어 낸 넓은 피막이 나타난다.	불고기, 찌개, 수육(보쌈)
삼겹살	• 갈비를 떼어 낸 부분에서 복부까지의 넓고 납작한 모양의 부위로, 근육과 지방이 삼겹의 막을 형성하며 풍미가 좋다.	바비큐, 불갈비, 갈비찜
뒷다리	• 볼기 부위의 고기로서 살집이 두꺼우며 지방이 적은 편이다.	튀김, 불고기, 장조림

출처: http://www.mtrace.go.kr/informationPartUse.jsp.

3) 닭고기

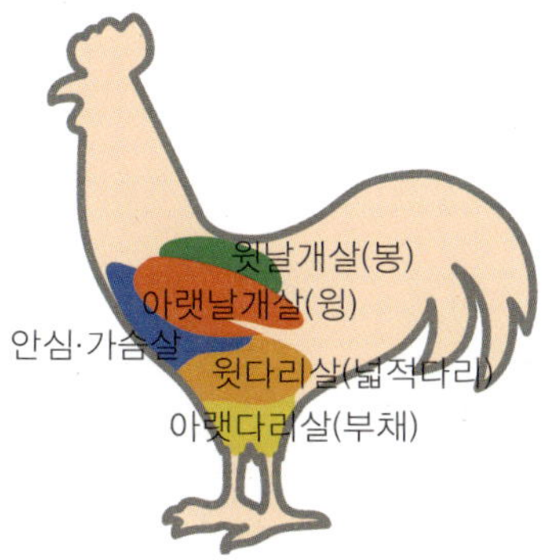

[그림 7-4] 닭고기의 부위별 명칭

〈표 7-3〉 닭고기 부위별 특징 및 용도

부위	특징	요리 용도
안심 · 가슴살	• 지방이 매우 적어 맛이 담백하고 근육섬유로만 되어 있다. • 회복기 환자 및 어린이 영양 간식에 적합하며, 특히 칼로리 섭취를 줄이고도 영양 균형을 이룰 수 있다. • 너무 오래 익히면 퍽퍽해지기 쉽다.	튀김, 볶음, 찜, 샐러드, 냉채
윗날개살 (봉)	• 날개 위쪽의 어깨 부위로 단백질이 많고 지방이 적다. • 담백한 맛이 나며, 튀김이나 조림에 활용된다.	튀김, 조림
아랫날개살 (윙)	• 피부 노화를 방지하고 피부를 윤택하게 해 주는 콜라겐(Collagen) 성분이 다량 함유되어 있다. • 맛이 좋아 조림이나 튀김 요리에 많이 활용되고 있다.	튀김, 볶음, 조림, 구이용
윗다리살 (넓적다리)	• 엉덩이 관절에서 분리한 넓적다리로 근육이 많고 지방이 적당히 있어 감칠맛이 있고 부드럽다.	튀김, 구이, 바비큐
아랫다리살 (부채)	• 넓적다리 밑부분으로 탄력이 있고 육질이 단단하며 육색이 짙은 특징이 있다. • 지방과 단백질이 조화를 이루어 씹는 맛이 있다.	튀김

출처: http://www.mtrace.go.kr/informationPartUse.jsp.

6. 육류의 연화방법

1) 효소 사용

고기에 단백질 분해효소를 가해 주어 단백질의 분해를 촉진하여 연화시키며, 이때 사용하는 효소는 연육소라는 이름으로 시판되고 있다. 효소 중에서 가장 일반적인 것은 파파야에서 얻은 효소와 염의 혼합물인 파파인(papain)과 곰팡이에서 얻어지는 프로테아제(protease)가 있다. 파파인은 상온에서는 거의 효과가 없으며, 55°C에서 활성이 급증하여 80°C까지 작용은 계속되나 85°C에서는 불활성화되어 작용이 정지되며, 근육섬유를 둘러싸고 있는 근육섬유막(sarcolemma)을 파괴하고 액토미오신과 콜라겐을 가수분해하여 연화시킨다. 그 외 신선한 파인애플의 브로멜린, 무화과의 피신(ficin), 키위(kiwi)의 액티니딘(actinidin) 등이 있으며, 배와 무도 연하게 하는 작용이 있다.

2) 기계적 사용

고기를 섬유 반대 방향으로 썰거나 섬유를 파괴하여 연하게 해 주는 방법이 있다. 특별한 기구나 칼로 고기를 칼집 내기, 잘게 썰기, 다지거나 가는 방법도 있다.

3) 조미료 사용

① 소금을 이용하면 보수성이 증가하고, 가열 시 일어나는 중량 손실량도 감소시킬 수 있다. 이유는 근원섬유 단백질이 염용해성이기 때문이나 염용도가 15% 이상으로 높아지면 탈수되어 질겨질 수 있다.

② 설탕은 단백질의 열응고를 지연시키는 효과가 있어 고기를 연하게 한다.

③ pH를 약간 산성화하면 수화력이 증가하여 연화되나 pH 5.5가 되면 등전점이 되므로 응고되어 단단해진다. 그러나 고기는 완충효과가 매우 크므로 약

간 산성화시키려 하여도 상당량의 산을 첨가해 주어야 하며, 산성인 과즙이 나 토마토 주스 등을 가해 주면 효과가 좋다.

4) 조리법 종류

습열 조리법은 충분한 물을 사용하여 콜라겐을 젤라틴화시키는 것으로 편육, 장조림, 탕, 찜, stewing, braising이 있다. 건열 조리법으로 조리하는 고기는 결합조직의 양이 적은 연한 부위를 사용하는 것이 좋으며 구이, 튀김, 전, roasting, broiling이 있다.

- stewing: 국물에 비해 건더기가 많은 수프의 일종
- braising: 고기를 기름에 지진 후 냄비에 넣고 물을 부어 찜 요리처럼 하는 조리방법
- roasting: 덩어리로 고기나 생선 등을 오븐에 굽는 것
- broiling: 직화로 굽는 방법, 높은 온도로 고기(주로 닭)를 속히 굽는 방법

〈표 7-4〉 스테이크의 내부 온도

구운 정도(내부의 상태)	내부 온도(℃)
생고기 상태(rare)	55~65℃ 이하
중간쯤 익히기(medium)	65~70℃
충분히 익히기(well done)	70~80℃
완전히 익히기(very well done)	90~95℃

실험 7-1
육류의 부위별 조리 정도에 따른 수축 정도, 색 및 관능특성

〈실험목적〉

마블링이 잘된 쇠고기 등심과 살코기가 많은 우둔살을 스테이크 정도의 두께로 준비하여 조리 정도에 따라 내부 온도를 측정하고, 수축 정도, 색도 및 관능특성을 비교해 본다.

〈실험재료 및 분량〉

쇠고기 등심 900 g(300 g×3), 쇠고기 우둔살 900 g(300 g×3), 소금, 후추 약간

〈실험기기 및 기구〉

접시 또는 그릇, 프라이팬, 도마, 저울, 칼, 자, 온도계

〈실험방법〉

① 쇠고기 등심과 우둔살을 각각 300 g씩 스테이크 크기로 3가지씩 준비한다.

② 조리 전 스테이크 안쪽 부분의 가로 길이와 세로 길이를 측정한다.

③ 준비한 6가지 스테이크에 적당량의 소금과 후추를 뿌려 간을 맞춘다.

④ 쇠고기 등심과 우둔살 각각 내부 온도가 55~65°C, 65~70°C, 70~80°C가 될 때까지 프라이팬에서 익힌 후 각 온도에 도달하면 접시에 옮겨 담는다.

⑤ 접시에 놓인 조리된 6가지 스테이크 안쪽의 가로 길이와 세로 길이를 측정하여 조리 전의 길이와 비교한다.

⑥ 6가지 스테이크의 표면의 색을 관찰하고, 칼로 잘라 내부의 색을 관찰한다.

⑦ 적당히 자른 스테이크의 관능특성(질감, 육즙 정도)을 평가한다.

〈과정그림〉

재료 준비 | 길이 측정 | 소금, 후추 첨가 | 굽기 | 관능평가

〈실험결과〉

표 조리 정도에 따른 스테이크의 내부 온도, 수축 정도, 색 및 관능특성

익은 정도	등심						우둔살					
	길이		색		질감	육즙	길이		색		질감	육즙
	조리 전	조리 후	내부	표면			조리 전	조리 후	내부	표면		
rare (55~65℃)												
medium (65~70℃)												
well done (70~80℃)												

* 색, 질감, 육즙은 묘사법에 의해 평가한다.

〈실험고찰〉

1. 쇠고기 조리 시 rare, medium, well done의 중심 온도에 도달하기까지의 조리 시간을 측정하시오.

2. 위 실험결과에서 전체적인 관능평가를 비교하시오.

실험 7-2

육류 종류에 따른 장조림 비교

〈실험목적〉

일반적으로 장조림은 쇠고기를 많이 이용하나 돼지고기를 이용하여 장조림을 제조하여 쇠고기 장조림과 비교해 본다.

〈실험재료 및 분량〉

쇠고기 사태 또는 우둔살 150 g(50 g×3), 돼지고기 안심 150 g(50 g×3),
간장 13 mL, 물 300~400 mL(불 조절에 따라 가감),
기본양념(설탕 5 g, 대파 3 g, 통마늘 1개, 생강 1 g, 후춧가루 약간)

〈실험기기 및 기구〉

냄비 6개, 전자저울, 메스실린더, 기타 조리기구

〈실험방법〉

① 쇠고기 사태 또는 우둔살을 50±10 g씩 3개, 돼지고기 안심은 50±10 g씩 3가지를 준비한다. 육류는 덩어리째 사용하거나, 2~3등분 또는 여러 조각으로 나누어 요리하면 조리 시간이 짧아질 수 있다.

② 대파는 큼직하게 3등분하고 생강은 편으로 썰어 준비한다.

③ 냄비를 3개 준비하고, 간장 첨가방법에 따라 3가지 방법으로 나누어 실험한다.

- A: 쇠고기 50±10 g에 간장 13 mL와 기본양념을 넣고 물과 함께 약한 불에서 50분간 조리한다.
- B: 쇠고기 50±10 g에 물을 넣고 약한 불로 20분간 가열한 뒤 간장 13 mL와

기본양념을 넣고 약한 불에서 다시 30분간 가열해 준다.

- C: 쇠고기 50±10 g에 기본양념과 물을 넣고 20분간 가열한 뒤 간장 13 mL를 넣어 주고 30분간 약불에서 가열 조리한다.

④ 처음부터 약불로 조절하고 중간중간 물의 양을 확인하여 너무 많이 줄어들면 고기가 물에 잠길 정도로 물을 보충해 준다.

⑤ 조리 시간 50분이 경과하면 불을 끄고 충분히 식힌 후 관능평가한다.

⑥ 이 과정을 돼지고기로 바꾸어 동일한 방법으로 진행한다.

〈과정그림〉

재료 준비

기본양념 넣기

가열

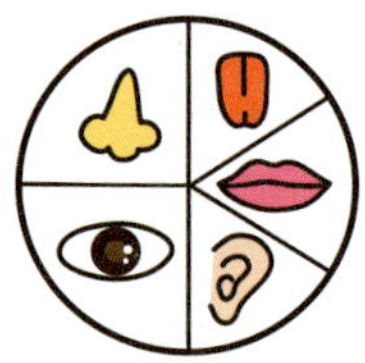
관능평가

〈실험결과〉

표 육류 종류와 처리 정도에 따른 장조림 비교

종류	쇠고기(묘사법)				돼지고기(묘사법)			
	맛	색	질감	전체적 기호도	맛	색	질감	전체적 기호도
A								
B								
C								

표 순위법에 의한 관능평가 비교

종류		맛	색	질감	전체적 기호도
쇠고기	A				
	B				
	C				
돼지고기	A				
	B				
	C				

* 순위법(1=가장 좋다, 2=좋다, 3=보통, 4=싫다, 5=가장 싫다)으로 측정한다.

Tip.

1) 쇠고기나 돼지고기 두 가지 중 한 가지만 사용해도 좋다.
2) 기본양념에 사용되는 설탕 대신 물엿이나 미림을 사용할 수 있으며, 채소류는 꽈리고추, 통후추, 향신료 등을 이용할 수 있다.

〈실험고찰〉

1. 장조림 조리 방법에 따른 조직감을 비교 설명하시오.

2. 쇠고기 장조림과 돼지고기 장조림의 차이점을 비교 설명하시오.

실험 7-3

떡갈비 제조 시 쇠고기와 돼지고기 배합 비율에 따른 기호적 특성

Tip. 떡갈비란?

곱게 다져 양념한 갈비살을 치댄 다음 구워 먹는 전라도 음식으로 인절미처럼 고기를 치댄다고 해서 떡갈비라고 한다.

〈실험목적〉

육류 종류에 따른 배합 비율이 떡갈비의 품질과 기호성에 미치는 영향을 알아본다.

〈실험재료 및 분량〉

다진 쇠고기(불고기용, 우둔살, 설도, 아롱사태, 등심) 250 g(100 g, 80 g, 50 g, 20 g), 다진 돼지고기(등심 또는 안심) 250 g(100 g, 80 g, 50 g, 20 g), 대파 20 g, 양파 20 g, 청양고추 10 g, 다진 마늘 1/2큰술, 간장 1큰술, 배즙 1/2큰술, 설탕 1큰술, 참기름 1/2큰술, 샐러드유 10 g, 후추 약간, 올리브 오일 약간

〈실험기기 및 기구〉

볼, 프라이팬, 일반 조리기구, 일회용 비닐장갑

〈실험방법〉

① 준비한 육류는 키친타월을 이용하여 핏물을 제거한다.

② 볼에 다진 쇠고기와 돼지고기의 비율을 100:0, 80:20, 50:50, 20:80, 0:100으로 준비한다.

③ 대파 20 g(4 g×5), 양파 20 g(4 g×5), 청양고추 20 g(4 g×5)은 잘게 다진다.

④ 비율을 달리한 5종류의 다진 고기에 각각 잘게 다진 ③의 채소를 넣고 양념장(간장, 배즙, 다진 마늘, 설탕, 후추, 참기름)을 넣고 끈기 있게 잘 치댄다.

⑤ 치댄 고기는 30분 정도 숙성시킨다.

⑥ 숙성시킨 고기는 두께 1 cm, 직경 6 cm로 둥근 모양을 만든다.

⑦ 두 가지 방법 중 한 가지를 선택하여 굽는다.

- 굽기 1: 프라이팬에 샐러드유를 약간 두르고 중약불에서 서서히 구우면서 키친타월로 프라이팬의 육즙을 닦으면서 3~4회 뒤집어 가면서 약 20분간 노릇노릇하게 익힌다.
- 굽기 2: 달구어진 팬에 올리브오일(약간)을 두르고 떡갈비를 살짝 굽는다. 초벌구이를 한 떡갈비는 200°C로 예열한 오븐에서 6분 정도 굽는다.

⑧ 완성된 떡갈비의 색, 냄새, 맛은 묘사법으로 평가하고, 부드러운 정도와 전체적 기호도는 순위법으로 평가한다.

〈과정그림〉

재료 준비 재료 및 양념 혼합 숙성 굽기 관능평가

〈실험결과〉

표 떡갈비 제조 시 쇠고기와 돼지고기의 배합 비율에 따른 기호성

배합비율	중량			관능검사				
쇠고기 : 돼지고기	조리 전	조리 후	중량 감소율 (%)	색	냄새	맛	부드러운 정도	전체적 기호도
100 : 0								
80 : 20								
50 : 50								
20 : 80								
0 : 100								

* 관능검사는 순위법과 묘사법으로 평가한다.
  부드러운 정도(1=아주 부드럽다, 2=부드럽다, 3=보통, 4=질기다, 5=아주 질기다)
  전체적 기호도(1=아주 좋다, 2=좋다, 3=보통, 4=나쁘다, 5=아주 나쁘다)

Tip. 기능성 떡갈비 제조

다진 육류에 녹차 가루, 강황 가루, 뽕잎 가루를 적정량 첨가하면 육류의 누린내뿐만 아니라 시각적으로 좋고 기능성을 제공한다.

〈실험고찰〉

1. 육류의 가열 조리에 의한 성분과 질감의 변화를 설명하시오.

2. 쇠고기와 돼지고기의 배합 비율에 따른 색, 풍미, 식감에 대한 차이를 설명하시오.

CHAPTER 08

어패류를 이용한 실험

1. 어류

어류의 근육은 포유류의 근육에 비해 약한 편이며, 근섬유는 아주 짧고, 근육과 뼈 사이에 질긴 결합조직이 없으므로 생선을 연하게 하려고 오랫동안 조리할 필요가 없다. 생선은 열에 의해 근섬유 사이의 조직이 쉽게 파괴되므로 오랫동안 조리하면 생선살이 부서지기 쉽다.

❖ 생선 요리 시 알아두어야 할 요점

- 가능한 한 조리 시간을 짧게 해야 한다.
- 신선한 생선만 사용한다.
- 생선은 섬세한 맛을 가지고 있으므로 향기가 강한 소스를 사용하지 말아야 한다.

2. 생선의 비린내 제거

〈표 8-1〉 어취 감소 방법

방법	효과
물로 세척	• 표피의 점액 제거로 수용성 아민류 제거
술	• 술의 알코올이 어취와 함께 휘발
무	• 메틸 메르캅탄(methyl mercaptan)과 겨자유가 어취 제거
생강	• 진저롤과 쇼가올이 미뢰를 둔화시켜 어취 인식 억제 • 단백질을 변성시켜 어취 감소
우유에 담금	• 콜로이드 용액인 우유가 비린내 흡착
마늘, 파, 양파	• 황화알릴류(allyl sulfide) 함유로 어취 감소
된장, 고추장, 간장	• 된장, 고추장의 콜로이드성이 어취 흡착 • 간장은 비린내 용출
산(레몬즙, 식초)	• 산이 알칼리인 트리메틸아민과 결합하여 어취 중화
셀러리, 파슬리, 깻잎, 미나리, 쑥갓	• 강한 향으로 어취 약화
고추냉이(와사비), 고추, 후추, 겨자	• 알릴아이소싸이오사이아네이트, 캡사이신, 채비신, 겨자유 등 매운맛이 미뢰를 마비시켜 어취 약화

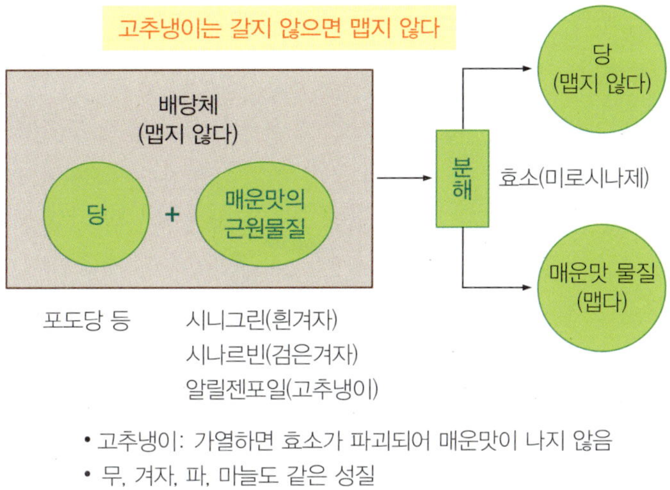

[그림 8-1] 고추냉이의 분해 과정

3. 어류의 조리 시 변화

1) 소금에 의한 변화

생선 조리 시 소금을 1~2% 가하면 수분이 빠져나가고 생선살이 단단해지며 탄력성이 증가하면서 투명해진다. 이는 근원섬유가 염용해성 단백질로 구성되어 있기 때문에 염 용액에 용해되어 보수성이 증가하는 것에 기인한 것이다. 또한, 수분이 빠져나갈 때 생선의 비린내 성분인 트리메틸아민 등도 유출되어 비린내가 감소된다. 그러나 생선에 가해지는 소금 농도가 너무 높으면 수분 감소량이 많아져 중량이 크게 감소한다.

▶ 소금 농도에 따른 어육단백질의 용출량

- 물 또는 1% 이하의 식염 농도에서는 전체 단백질의 20~30%가 용출된다.
- 식염 농도 2% 이상에서는 용출량이 증가하며 점도도 증가한다. 이유는 근원섬유단백질이 용출하여 액토미오신을 형성하기 때문이다.

- 식염 농도 15% 이하에서는 단백질 용출량에 큰 변화가 없으나 액토미오신의 형성이 억제되고 점도가 떨어진다.
- 식염 농도 15% 이상에서는 단백질을 안정화시키고 있는 수화된 물이 소금으로 이동하고, 단백질은 분자 간에 응집이 용이해진다. 따라서 용출량은 급격하게 저하되고 염석(salting out) 현상이 발생한다.

어육에 소금을 2~3% 가하고 으깨어 반죽하면 점성 상태인 페이스트(paste)가 형성되고, 가열하면 탄력성이 있는 젤 상태, 즉 어묵이 형성된다. 이는 식염에 의해 액틴과 미오신이 액토미오신을 형성하고 또 수화되어 망구조를 형성하므로 가열에 의해 젤 상태로 되는 것에 기인한다.

Tip.

- 시중에 판매하는 흰살 생선전 재료의 경우 소금이 첨가된 경우가 있으므로 염도를 측정하여 정확한 소금의 양을 결정할 필요가 있다.
- 일반적인 생선살에 대한 소금의 양을 2~3% 첨가할 경우 완성된 어묵의 짠맛이 매우 강하므로 참고하는 것이 좋다.

❖ 어묵

- 개념: 생선살을 소금과 함께 갈아서 여기에 각종 첨가물 및 조미료 등의 부원료를 혼합하여 성형 · 가열 · 냉각 후 일정 크기로 포장한 어육 가공제품이다.
- 이용되는 어종: 원료의 사용 범위가 넓어 어종이나 어체의 크기에 관계없이 사용하나 정어리, 상어, 조기, 갈치를 많이 이용한다.
- 어묵의 품질 결정 요인: 색택, 향미, 탄력에 의하여 결정되며, 그중에서 탄력이 품질을 결정하는 주요인자가 된다. 탄력에 영향을 미치는 요인으로 원료의 선도, 어종, 첨가물의 종류 및 사용량, 가열 방법 그리고 첨가되는 수분 함량 등이 있다.
- 종류
  - 찐 어묵: 연육 또는 어육을 넣고 각종 부재료를 넣어 배합하여 각종 모양으로 성형 후 증숙기에 넣고 쪄서 만든 것이다. 맛살이나 핫바가 해당된다.

- 구운 어묵: 연육 또는 어육을 넣고 각종 부재료를 넣고 배합하여 원통 모양으로 성형 후 구워 낸 것이다.
- 튀김어묵: 연육 또는 어육을 넣고 각종 부재료를 넣고 배합하여 각종 모양으로 성형 후 식용유 등에 튀겨 낸 것이다. 시중에 판매되는 대부분의 어묵이 해당된다.

2) 산에 의한 변화

어류에 식초를 넣으면 비린내가 감소하며 단백질을 응고시켜 생선살이 단단해진다.

3) 가열에 의한 변화

어패류를 가열 조리하면 근원섬유단백질이 응고하면서 수축이 일어나 육즙이 분리되고 중량이 감소한다. 일반적으로 어류는 15~20%, 연체류는 35~40%의 중량이 감소한다. 어류의 껍질과 근육을 둘러싸고 있는 불용성의 콜라겐은 물속에서 가열 조리 시 젤라틴으로 변화한다. 육류에 비해 결합조직의 양은 적으나 생선조림 등을 할 때 불용성에서 수용성 졸 상태로 변화되고, 다시 국물이 식을 때 겔화되어 굳는다. 어육을 석쇠나 프라이팬에 굽고 냄비에 조릴 때 밑바닥에 달라붙어 껍질이 벗겨지는 현상을 볼 수 있다. 이는 미오겐의 분자 간 또는 분자 내 결합이 가열에 의하여 끊어지면서 노출된 각종 활성기가 다시 용기의 금속과 반응하여 표면에 달라붙은 것이다.

❖ 열 응착성을 방지하기 위해서는?

- 생선에 기름이나 식초를 바르면 단백질 응고가 빨리 되도록 하여 석쇠에 달라붙지 않는다.
- 예열을 한 석쇠나 팬에 굽는다.
- 굽기 전 석쇠나 팬에 기름칠을 하거나 실리콘 수지로 가공된 프라이팬을 사용한다.

4) 어패류 조리법

(1) 회

광어, 도미, 민어 등의 흰살 생선과 해삼, 멍게, 전복, 굴 등 패류를 이용한다. 신선한 사후 경직기에 회를 먹으면 단단하고 쫄깃하여 씹는 식감이 좋다. 생선회에 레몬즙을 뿌리면 식욕을 돋우고, 비린내가 감소되며, 식감이 좋아지고, 미생물의 살균 효과가 있다. 낙지, 문어, 오징어 등의 연체류는 단시간에 데쳐 내야 수축률이 높지 않고 부드럽게 숙회로 이용할 수 있다. 특히, 오징어의 껍질층은 콜라겐을 함유하여 질기고 가열 시 수축의 원인이 되므로 근육과 직각으로 칼집을 내어 수축에 의한 변형을 막는다.

(2) 조림

생선의 선도가 높을 때는 양념을 최소한으로 사용하여 생선 자체의 맛을 유지하는 것이 좋다. 반대로 생선의 선도가 낮을 때는 농후한 국물에 조리하여 양념의 맛을 어육에 침투시킨다. 흰살 생선인 조기, 대구, 가자미, 도미 등은 지방이 적고 살이 연하므로 양념을 적게 하여 담백한 생선 자체의 맛을 살린다. 붉은살 생선인 고등어, 정어리 등은 지방이 많고 살도 비교적 단단하며 비린내가 강하므로 구이로 적당하나 조릴 때는 양념이 깊이 침투되도록 오래 조리는 것이 바람직하다. 조리는 방법은 약간의 끓는 물에 생선을 넣고 끓인 후 양념해서 조리는 방법과 미리 양념을 다 넣고 조리는 방법이 있다.

(3) 구이

생선 자체의 맛을 살리는 조리법이며, 지방 함량이 높은 생선 조리에 적당하다. 조미하지 않은 생선을 통째 또는 토막으로 굽거나, 소금을 뿌려 굽고, 유장(참기름:간장 = 3:1)을 발라 초벌구이 후 양념장을 발라 약한 불로 굽기도 한다. 구울 때 수분이 비린내와 함께 증발하고, 단백질은 응고하며 지방은 용해된다. 구울 때 생선살이 조리기구에 달라붙지 않도록 해야 하며, 조리기구에 기름을 칠하면 막이 형성되어 생선살이 달라붙는 것을 방지할 수 있다. 생선구이는 센 불에 굽는 것이 바람직하다. 만약, 불이 약하면 표면이 좀처럼 굳지 않아 생선 맛이 빠져나가고 전체 수분도 증발하여 바삭거리기만 할 뿐 맛이 없어진다. 생선 단백질은 50℃ 전후에서 응고되므로 센 불에서 오랫동안 구우면 단백질이 수축되어 질겨지고 건조해질 수 있다.

(4) 찌개

흰살 생선인 대구, 우럭, 생태, 병어, 민어, 조기 등은 비린내가 적고 콜라겐이 많아 살이 단단하여 찌개에 적당하다. 국물을 끓을 때는 생선을 넣고, 오래 가열하여 생선살이 흩어지지 않도록 주의한다. 조개, 게, 오징어, 낙지, 소라 등을 찌개 재료로 이용할 수 있다. 바지락과 같이 갯벌에서 캐는 조개는 바닷물 농도인 3% 정도의 소금물에 반나절 정도 담가 해감하고, 재첩과 같은 민물조개는 민물로 해감한다.

(5) 튀김

지방이 적은 흰살 생선, 새우, 굴 등이 적당하다. 생선 그대로 튀기면 바삭바삭하고 깊은 맛이 나서 좋다. 생선커틀릿(fish cutlet), 새우튀김, 조갯살튀김의 경우 튀김옷을 입혀 튀기면 수분의 보유로 속은 부드럽고 겉은 바삭한 식감을 가진다. 새우를 반듯하게 펴려면 배 부분에 어슷하게 3~4개 정도의 칼집을 낸다.

(6) 전

민어, 광어, 대구, 동태 등 흰살 생선이 적당하다. 얇게 저며 포를 뜬 후 소금, 후추로 밑간한 뒤, 밀가루를 입히고 달걀물을 입혀 기름에 지져 낸다. 굴은 소쿠리에 놓고 소금물로 살살 흔들어 씻고 새우와 패주는 잔 칼집을 넣어 물기를 없앤 뒤, 안쪽부터 익히고 나서 껍질 쪽을 익힌다.

실험 8-1 처리방법에 따른 생선구이의 기호성과 질감의 변화

〈실험목적〉

소금과 식용유의 처리 유무에 따라 구워진 생선의 중량, 껍질 등 외관과 관능평가의 차이를 비교한다.

〈실험재료 및 분량〉

생선(임연수어, 조기, 가자미 중 1종 선택) 200 g(50 g×4), 소금, 식용유 약간

〈실험기기 및 기구〉

프라이팬, 일반 조리도구

〈실험방법〉

① 깨끗이 씻은 생선을 뼈를 제거하여 포를 뜬 다음 (또는 뼈를 제거하고 껍질이 있는 포 뜬 생선 구입) 50 g씩 4조각을 준비하여 중량을 측정하고, 그중 2조각은 생선 중량의 3%의 소금을 뿌려 30분 정도 절여 두고, 2조각은 그냥 방치한다.

② 프라이팬을 2개 준비하여 한쪽은 식용유를 두르고, 다른 한쪽은 식용유를 두르지 않는다. 소금에 절인 생선과 소금에 절이지 않은 생선 2조각은 기름 두른 팬에 굽는다. 나머지 2조각은 기름을 두르지 않은 팬에서 뒤집어 가면서 노릇노릇하게 일정한 시간으로 굽는다.

③ 다 구워진 생선의 중량을 측정하고, 그릇에 담은 후 외관, 육즙 정도, 풍미, 질감, 맛을 평가하여 비교한다.

〈과정그림〉

재료 준비 소금, 식용유 넣기 굽기 관능평가

〈실험결과〉

		식용유 사용		식용유 미사용	
		소금 사용	소금 미사용	소금 사용	소금 미사용
중량	조리 전(g)				
	조리 후(g)				
프라이팬에 부착 정도(부착성)[1]					
생선의 외관[1]					
생선의 육즙[1]					
생선의 풍미[1]					
생선의 질감[2]					
생선의 맛[1]					
전체적 기호도[3]					

1) 묘사법

2) 순위법(단단하다=1, 보통=2, 연하다=3)

3) 순위법(좋다=1, 보통=2, 싫다=3)

〈실험고찰〉

1. 생선구이 시 소금과 식용유 사용의 차이를 설명하시오.

실험 8-2

첨가물 처리에 따른 생선커틀릿의 기호성 평가

〈실험목적〉

생선커틀릿 조리 시 첨가물을 달리하여 튀김 후 비린내를 제거할 수 있는 방법을 알아보고 첨가물에 따른 선호도를 비교한다.

〈실험재료〉

동태 280 g(70 g×4), 소금물(3%), 레몬 1개, 우유, 밀가루, 달걀, 빵가루, 식용유

〈실험기기 및 기구〉

프라이팬, 일반 조리도구

〈실험방법〉

① 동태를 포를 떠서 70 g씩 4개를 다음과 같이 준비한다.

- A: 생선포 70 g
- B: 생선포 70 g에 소금물(3%)을 충분히 뿌린다.
- C: 생선포 70 g에 레몬즙을 충분히 뿌린다.
- D: 생선포 70 g을 우유에 10분간 재운다.

A	생선포(무처리)	C	레몬즙 처리
B	소금물 처리	D	우유 처리

② 준비된 A, B, C, D 시료에 밀가루, 달걀물, 빵가루 순으로 옷을 입힌다.

③ 160~180°C의 기름에 노릇노릇하게 튀긴다.

④ 그릇에 담고 외관, 색, 풍미, 연한 정도, 맛을 평가하여 비교한다.

〈과정그림〉

재료 준비 첨가물 처리 튀김 관능평가

〈실험결과〉

	무처리	소금물	레몬즙	우유
비린내				
외관				
색				
풍미				
부드러운 정도				
맛				
전체적 기호도				

* 순위법(매우 좋다=1, 좋다=2, 보통=3, 싫다=4, 매우 싫다=5)

Tip.

소금물, 레몬즙, 우유 대신에 술(소주, 정종, 맥주 등), 녹차 우린 물, 감귤 껍질 우린 물, 쌀뜨물, 무즙, 생강즙 등 취향에 맞게 다양하게 바꿀 수 있다.

〈실험고찰〉

1. 실험결과 첨가물 처리에 따른 차이를 설명하시오.

2. 위에 제시된 첨가물 외 비린내를 제거할 수 있는 첨가물을 제시하시오.

실험 8-3 첨가물 종류에 따른 수제 어묵 제조

〈실험목적〉

흰살 생선과 첨가물을 달리하여 제조한 수제 어묵 제품의 관능평가를 비교한다.

〈실험재료 및 분량〉

살짝 얼린 흰살 생선(동태포 또는 조기포) 90 g(30 g×3), 전분 6 g, 난백 3 g, 소금 3 g, 식용유

〈실험기기 및 기구〉

볼, 믹서 또는 반죽기, 튀김기, 온도계, 일반 조리도구

〈실험방법〉

① 살짝 얼린 흰살 생선살 90 g(30 g×3)과 소금을 믹서 또는 막자사발에 넣고 곱게 갈아 준다.

② 볼을 3개 준비하여 A, B, C의 첨가물을 표와 같이 혼합한다.

③ 반죽기에 준비된 ②를 각각 넣어서 끈기가 생기도록 약 20분 이상 반죽하여 혼합하거나 손으로 치댄다.

④ 저온에서 30분 정도 숙성 과정을 거친다.

⑤ 동일한 두께와 크기로 성형한다. 즉, 비닐백을 이용하여 반죽의 일정량을 잘 펴서 일정한 크기와 두께로 만든다.

⑥ 170~180℃의 기름에 5분 정도 튀긴다.

⑦ 10~20분 정도 냉장고에서 냉각시킨 후 색, 맛, 경도, 쫄깃한 정도, 씹힘성, 전체적 기호도를 평가한다.

시료	재료			
	흰살 생선	소금	전분	난백
A	30 g	0.9 g	–	–
B	30 g	0.9 g	3 g	–
C	30 g	0.9 g	3 g	3 g

〈과정그림〉

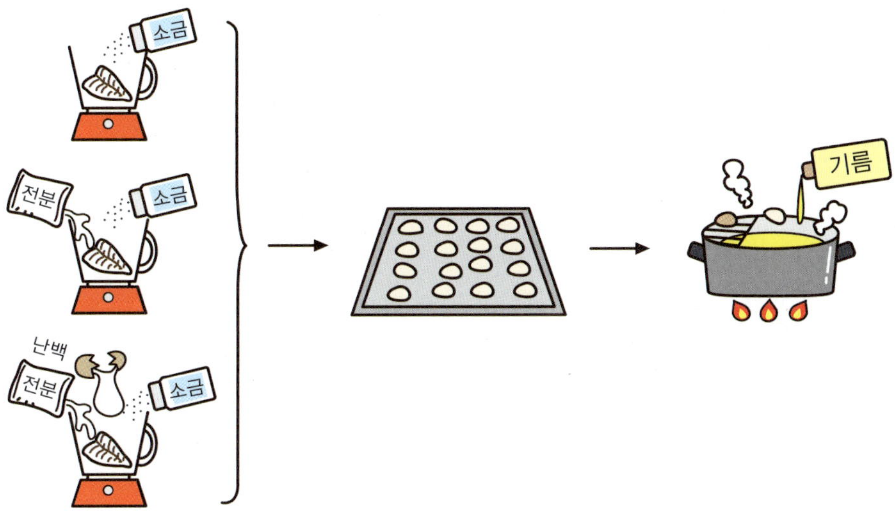

Tip.

- 생선, 오징어, 새우의 짠맛 정도에 따라 소금의 양은 조절 가능하며, 2~3% 사용이 적당하다.
- 혼합물의 농도를 참고하여 너무 묽으면 전분이나 밀가루를 첨가하여 농도를 적절히 조절한다.
- 어묵의 종류를 다양하게 하고, 기호도를 향상시키기 위해 위에 제시된 재료 외 청양고추, 양파 또는 새우살을 혼합하여 제조할 수 있다.

〈실험결과〉

	색	경도	탄력성	맛	씹힘성
A					
B					
C					

* 평점법(매우 좋다=5, 좋다=4, 보통=3, 나쁘다=2, 매우 나쁘다=1)

Tip.

- 어묵을 튀기는 방법보다 찌는 방법이 건강에 더 좋으나 튀긴 어묵에 익숙하여 찌는 수제 어묵을 선호하지 않는 경향이 있다.
- 기능성 식품을 이용한 어묵의 종류: 삼채 첨가 어묵, 백복령 첨가 어묵, 구기자 첨가 어묵, 홍삼 첨가 어묵, 매생이 첨가 어묵, 파래 첨가 어묵, 홍어 첨가 어묵, 울금 첨가 어묵, 황기 분말 첨가 어묵, 쌀가루 첨가 어묵, 고추냉이 분말 첨가 어묵, 강황 분말 첨가 어묵, 청국장 분말 첨가 어묵, 마 분말 첨가 어묵, 톳 분말 첨가 어묵, 당귀 분말 첨가 어묵, 감귤류 첨가 어묵, 연잎 분말 첨가 어묵

〈실험고찰〉

1. 시중에 판매되는 어묵의 재료 및 성분을 조사하고, 수제 어묵과의 차이점을 설명하시오.

2. 실험결과에서 각 첨가물에 따른 어묵의 차이를 설명하시오.

CHAPTER 09

난류를 이용한 실험

1. 달걀의 특징

달걀의 구조는 난각, 난백, 난황으로 구분할 수 있다. 난각의 주성분은 탄산칼슘으로 달걀 내부를 보호하는 역할을 하며, 난각의 표면에는 작은 기공들이 있어 공기와 수분이 통과할 수 있다. 저장 기간이 길어질수록 기공을 통해 수분과 탄산가스가 증발하여 무게가 감소하고 기실에 공기가 들어가 기실이 점점 커지게 된다. 난각에 있는 큐티클 층은 산란 직후 잡균의 오염을 막아주는 역할을 한다.

난백은 된 난백과 묽은 난백으로 나눌 수 있으며, 신선한 달걀의 된 난백과 묽은 난백의 비율은 6:4이다. 그러나 저장 기간이 오래될수록 된 난백에 있는 오보뮤신의 이황화 결합이 점차 감소하여 점성이 낮아지기 때문에 저장 기간이 오래될수록 된 난백이 수양화되면서 점점 묽어지게 되고, 기공을 통한 탄산가스의 증발로 난백의 pH가 증가하게 된다. 난백 단백질인 글로불린과 오보뮤신은 난백의 기포 형성력과 안정성에 영향을 미친다. 오리알의 경우 난백에 오보뮤신을 함유하고 있지 않으므로 기포 형성을 이용한 식품 제조에 사용되지 않는다.

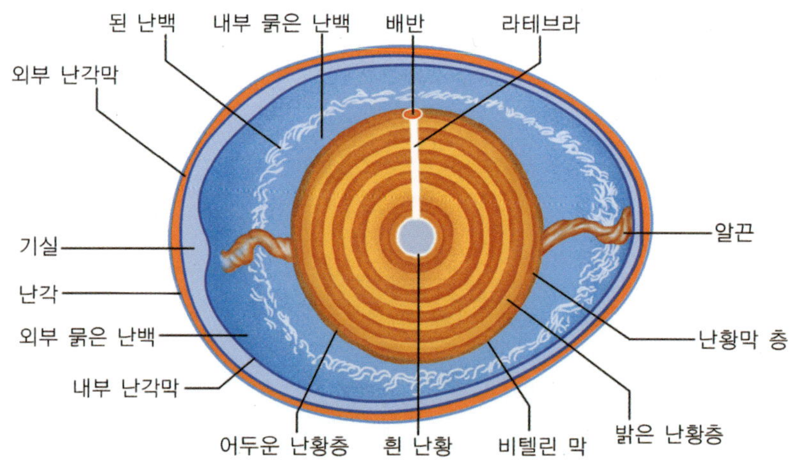

[그림 9-1] 달걀의 구조

난황은 탄력성이 있는 난황막에 의해 둘러싸여 있고 알끈이 있어 난황이 달걀 가운데 위치하도록 도와준다. 난황은 수분이 적고 단백질과 지방 함량이 높으며, 주 단백질은 리포비텔린(lipovitellin)과 리포비텔리닌(lipoviteellenin)이 있다. 저장 기간이 길어지면 수양화된 난백이 난황으로 이동하여 난황이 커져 난황을 둘러싸고 있는 난황막이 약화되어 오래된 난황은 쉽게 터지게 된다.

2. 달걀의 신선도 측정

달걀의 신선도 측정을 위한 방법으로는 투시검란법, 비중법, 난백계수, 난황계수 등이 있다.

- 투시검란법: 암실에서 촛불을 켜고 달걀을 비춰 보게 될 시 난황이 정가운데 위치하고 있으면 신선하다고 판단하는 방법이다.
- 비중법: 신선란의 비중이 1.08~1.09이므로 물에서 가라앉는 성질을 이용하여 신선도를 측정하는 방법이다. 따라서 소금물에 달걀을 넣으면 신선한 달걀은 가라앉고 오래되면 위로 떠오르게 된다.
- 난황계수 & 난백계수: 신선한 달걀의 난황계수는 0.36~044이고, 난백계수는 0.14~0.17이다. 달걀의 저장 기간이 길어질수록 난백의 수양화로 인한 난황 크기의 증가로 난백계수와 난황계수는 감소하게 된다.
  - 난황계수: 난황의 높이/난황의 평균 직경
  - 난백계수: 난백의 높이/난백의 평균 직경

3. 달걀의 조리적 특성

1) 열응고성

난백은 60°C 부근에서 응고하기 시작하여 65°C에서 완전 응고하고, 난황은 65°C 부근에서 응고를 시작하여 70°C에서 완전히 응고하게 된다. 난백과 난황의 열응고 온도 차이는 난백의 수분 함량이 난황보다 높아 열전달력이 우수하기 때문이다.

달걀의 응고성에 영향을 주는 요인으로는 가열 온도, 단백질 농도, 첨가물 및 pH가 있다. 가열 온도는 높을수록 빨리 응고하지만 단단한 응고물을 형성하게 되고, 가열 온도가 낮으면 응고되는 시간은 지연되나 부드러운 응고물을 형성할 수 있다. 단백질의 농도가 높을수록 응고 온도는 낮고 단단한 응고물을 형성하고, 단백질의 농도가 낮을수록 응고 온도는 높아지고 부드러운 응고물을 형성하게 된다. 설탕 첨가 시 응고 온도가 높아져 부드러운 응고물을 형성할 수 있고, 염(소금 Na^+, 우유, Ca^{2+})은 수분에 의해 해리되면 전하가 다른 반대이온을 흡착하여 중화 작용을 통해 달걀의 응고를 도와주며, 이때 이온가가 클수록 단백질 겔을 단단하게 하는 효과가 크다. 달걀 단백질의 등전점 부근(알부민 pH 4.8)에서는 응고가 잘 일어나므로, 달걀 조리 시 식초 또는 레몬즙을 사용하여 쉽게 응고물을 형성할 수 있다. 달걀의 열응고성을 응용한 식품으로는 달걀찜, 커스터드, 소스, 푸딩 등을 만드는 농후제 등이 있다.

2) 기포성

난백은 물에 단백질이 교질상으로 산포되어 있는 점성의 액체로 계속 저어 주면 공기가 액체 속으로 들어가 기포화하게 된다. 난백은 표면장력이 낮아 기포 표면에 단백질 분자를 흡착시키고 공기와 접촉하여 표면 변성이 일어나 표면에 확장되기 쉬운 성질을 가지고 있다. 즉, 중첩되어 있던 폴리펩타이드 사슬이 표면에너지를 얻어 신장되고 표면 변성으로 표면에 나열된다(a). 이때 단백질의 2차 결합은 유지되고(loops and tails), 3차 결합은 쉽게 상실되며, 공유결합은 파괴되지 않는다. 단백질의 소수성기는 공기와 결합하고, 단백질의 친수성기는 물과 결합하여 필름을 형성하게 된다(b). 최종적으로 형성된 필름은 공기를 에워싸게 되어 기포가 형성된다(c). 교반의 정도가 지나치면 과도한 변성으로 인한 응고물을 형성하게 되고, 거품 안정성은 감소된다. 난백의 기포성은 난백 단백질 중 오보뮤신(ovomucin)이 관여한다.

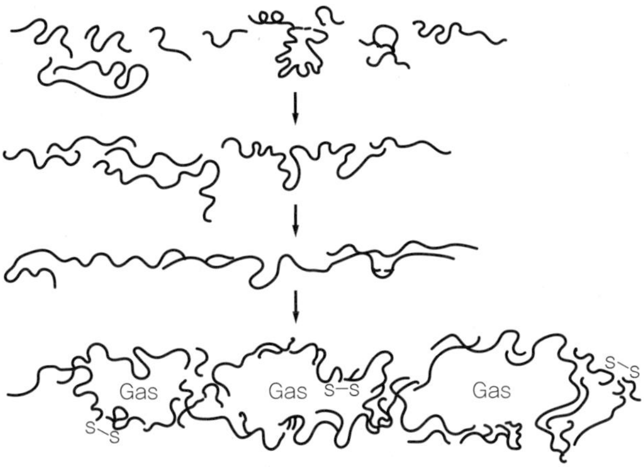

[그림 9-2] 기포 형성 단계

난백의 기포 형성 단계는 교반 초기 전체적으로 유동성이 커서 거품의 크기가 큰 상태로 투명하고 굵은 기포가 형성된다(foamy). 계속 교반 시 기포 수가 증가하고, 보다 미세한 기포 형태로 꽤 안정감이 있고 윤기가 나지만 방치하면 약간의 액체가 밑에 모여 그릇을 기울이면 쉽게 흘러내리게 된다. 백색을 띠며 거품기를 들어 올렸을 때 거품의 끝이 휘어지는 둥근 봉우리를 만든다. 안정도는 약간 모자라지만 기포력은 최고의 상태이다(soft peaks). 이 단계를 지나면 거품이 매우 미세하고 탄력성이 크고 단단하며, 거품을 들어 올렸을 때 끝이 뾰족하게 유지되며, 윤기가 있다. 그릇을 기울여도 흐르지 않고 안정도가 높다(stiff peaks). 대부분은 난백 기포 형성 시 이 단계에서 마무리한다. 이 단계에서 계속 교반 시 교반 정도가 지나

쳐 단백질 변성으로 인한 윤기 없는 기포는 불안정한 상태가 된다(dry peaks).

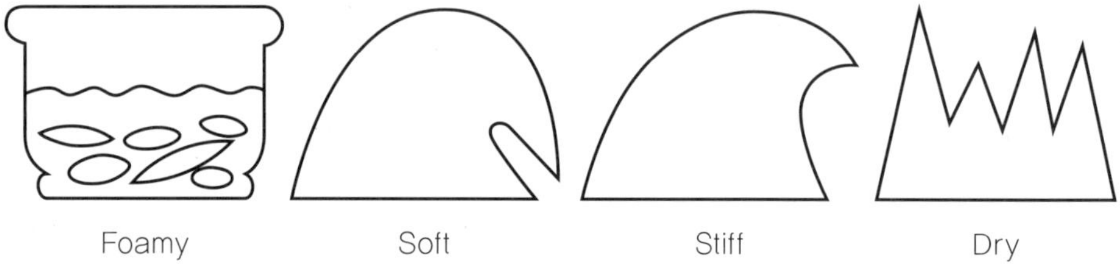

[그림 9-3] 기포 형성 단계별 기포 모양

기포 형성력이 우수하고 안정성이 있는 기포 형성을 위해서는 액체의 표면장력이 적고 기포를 싸고 있는 막이 튼튼하면 좋다. 기포성에 영향을 미치는 인자로는 난백의 종류, 온도, 달걀의 신선도, 교반하는 방법, pH, 첨가물이 있다. 점도가 낮은 수양난백은 점도가 높은 농후난백보다 기포 형성력이 좋지만 안정성은 적다. 오래된 달걀은 신선한 달걀보다 농후난백이 수양화되어 기포 형성력이 증가하게 된다. 난백의 온도가 높을수록 표면장력이 감소하여 기포 형성이 잘 된다. 교반을 강하게 할수록 기포 형성이 쉽고 난백의 등전점인 pH 4.8 부근에서는 용해도가 적고 점도가 낮아져 교반하기 쉬워 기포 형성이 잘 되므로 기포 형성 시 레몬즙이나 주석산을 첨가하는 것이 좋다. 그러나 교반 전에 첨가 시 난백의 응고가 일어날 수 있으므로 교반 진행 후 소량씩 서서히 첨가해야 한다. 설탕 첨가 시 난백 단백질의 표면 변성을 억제하고 점도를 높여 기포 형성에 시간이 걸리지만, 안정성은 증가하게 된다. 그러므로 설탕은 soft peak 형성 단계 후에 첨가해야 한다. 기름은 0.5% 이상 첨가 시 기포 형성을 방해하여 교반 시간을 증가시키고, 거품의 안정성을 저하하게 된다. 소금은 거품 안정성도 감소시키고 거품의 부피도 감소시킨다. 난백에 물을 첨가하게 되면 점도가 낮아지기 때문에 기포성은 향상되어 부피는 증가시키지만, 안정성은 감소하게 된다. 달걀의 기포성을 이용한 식품으로는 머랭, 엔젤케이크 제조 시 활용될 수 있다.

3) 유화성

난황은 난백에 비하여 강한 유화력을 가지고 있으며, 수중유적형의 유화 상태를 만드는 데 이용된다. 난황의 유화성은 인지질인 레시틴, 지단백질에 의한 것으로 분자 내에 친수기와 소수기를 동시에 갖고 있어서 계면활성제로 작용하여 기름과 물로 형성된 유화액을 안정화시키는 역할을 한다. 난류의 유화성을 이용한 대표적인 식품으로는 마요네즈가 있다.

4) 달걀의 변색

달걀을 가열하게 되면 높은 외부 압력에 의해 내부로 난백의 황화수소가 난황으로 이동하게 되고, 이때 난황의 철분과 반응하여 황화철이 형성되면서 난황 주위가 암녹색으로 변하게 된다. 따라서 이와 같은 현상을 억제하기 위해서는 달걀을 조리 후 차가운 물에 빨리 식혀 외부의 높은 압력을 낮추어 난백의 황화수소가 난황으로 이동하는 것을 막아야 한다. 그리고 황화철은 알칼리 조건에서 쉽게 생성되므로 오래된 달걀에서 흔히 볼 수 있는 현상이다.

실험 9-1

난백기포의 단계별 성상 및 특성 비교

〈실험목적〉

교반 정도에 따른 기포의 안정성을 비교할 수 있다.

〈실험재료 및 분량〉

달걀 4개

〈실험기기 및 기구〉

거품기, 볼, 비커, 거즈 4장, 깔때기 4개, 메스실린더 4개, 타이머

〈실험방법〉

① 볼에 난백 1개를 취하여 거품기로 고루 저으면서 단계별 거품(1단계: foamy, 2단계: soft peaks, 3단계: stiff peaks, 4단계: dry peaks)을 형성하고, 해당 소요 시간을 측정한다.

foamy

soft peaks

stiff peaks

dry peaks

② 형성된 각 단계별 기포의 부피와 외관을 측정한다.

③ 기포의 안정성은 메스실린더에 젖은 거즈를 올려놓은 깔때기를 꽂고 그 위에 형성된 단계별 기포를 각각 올린 후 30분과 1시간 후 메스실린더로 흘러내린 기포의 유출액량을 측정한다. 이때 랩을 씌워 증발 현상을 막는다.

〈실험결과〉

표 교반 단계에 따른 기포 형성 시간과 유출액량

교반 정도	기포 형성 시간(분)	유출액량(mL)		외관
		30분	1시간	
1단계 foamy				
2단계 soft peaks				
3단계 stiff peaks				
4단계 dry peaks				

〈실험고찰〉

1. 교반 단계에 따라 기포 형성과 안정성에 차이가 있는가?

2. 교반 단계에 따른 기포 형성과 안정성에 차이가 나는 이유에 대해 생각해 보시오.

실험 9-2

첨가물이 달걀 기포의 형성과 안정성에 미치는 영향

〈실험목적〉

여러 가지 첨가물에 의한 기포 형성 능력과 기포의 안정성을 비교할 수 있다.

〈실험재료 및 분량〉

달걀 5개, 레몬 주스 1 tsp, 난황 1/4 tsp, 기름 1/2 tsp, 설탕 2.5 Tbsp

〈실험기기 및 기구〉

거품기, 볼, 비커, 거즈 5장, 깔때기 5개, 메스실린더 5개, 랩, 타이머

〈실험방법〉

① 볼에 난백 1개를 취하여 거품기로 고루 젓는다. 굵은 거품이 나기 시작하면 각 종 첨가물을 넣어 기포 표면이 단단한 외형을 이루면서 건조하지 않은 상태(3단계: stiff peaks)까지 계속 저은 후 기포 형성 시간을 측정하고 외관을 살펴본다. 형성된 각 기포의 부피를 측정한다.

② 기포의 안정성은 메스실린더에 젖은 거즈를 올려놓은 깔때기를 꽂고 그 위에 형성된 기포를 올린 후 30분과 1시간 후 메스실린더로 흘러내린 기포의 유출액량을 측정한다. 이때 랩을 씌워 증발 현상을 막는다.

〈과정그림〉

〈실험결과〉

표 첨가물 종류에 따른 난백의 기포 형성 시간 및 유출액량

첨가물	기포 형성 시간(분)	유출액량(mL)		외관
		30분	1시간	
대조군				
레몬 주스 1 tsp				
난황 1/4 tsp				
기름 1/2 tsp				
설탕 2.5 Tbsp				

〈실험고찰〉

1. 첨가물에 따라 기포 형성과 안정성에 차이가 있는가?

2. 첨가물에 따른 기포 형성과 안정성에 차이가 나는 이유에 대해 생각해 보시오.

실험 9-3
첨가물이 스크램블의 조직감에 미치는 영향

〈실험목표〉

첨가물이 스크램블의 조직감에 미치는 영향을 알고, 원하는 조직감을 얻을 수 있는 달걀 조리 방법을 선택할 수 있다.

〈실험재료 및 분량〉

달걀 10개, 식용유, 소금 2 g, 설탕 5 g, 우유 50 g, 물 50 g

〈실험기기 및 기구〉

볼, 거품기, 프라이팬, 저울

〈실험방법〉

① 아래의 배합대로 중량을 측정한 후 혼합한다.

	I	II	III	IV	V
전란	100	100	100	100	100
소금		2			
설탕			5		
우유				50	
물					50

② 프라이팬에 식용유를 두르고 위의 5가지 시료 각각을 중불에서 스크램블 한다.

③ 스크램블의 외관, 맛, 조직감을 순위법으로 관능평가한다.

〈과정그림〉

〈실험결과〉

	외관(색)	맛	조직감(부드러움)	전반적인 기호도
전란				
전란+소금				
전란+설탕				
전란+우유				
전란+물				

〈실험고찰〉

1. 첨가물에 따라 스크램블의 관능특성에 대한 차이 유무와 차이가 있다면 그 이유에 대해 생각해 봅시다.

CHAPTER 10

우유를 이용한 실험

1. 우유 특성

1) 우유의 색과 향미 성분

우유의 유백색은 칼슘 포스포카제이네이트(Calcium phosphocaseinate)의 교질용액이 빛에 반사되어 생성된 것이다. 이외에 지용성 색소인 카로티노이드(carotinoid) 색소 때문에 황색을 띠며, 수용성 물질인 리보플라빈(riboflavin)에 의해 담황색의 색깔을 띤다. 우유는 유당(lactose)에 의해 약간의 단맛과 염화염에 의한 짠맛도 갖는다. 또한, 유지방은 우유 질감에 영향을 주어 유지방이 많을수록 부드러운 질감을 준다. 신선한 우유의 향은 아세톤(acetone), 아세트알데하이드(acetaldehyde), 다이메틸설파이드(dimethylsulfide), 저급지방산 같은 물질에 의한 것이다. 우유를 오래 보관하면 불쾌한 냄새가 형성되는데 이는 유지방의 산패에 의한 것이 주요 원인이 된다. 리파아제(lipase)의 작용으로 유리지방산이 생성되는데 우유는 저급지방산이 많아 냄새가 나게 되므로 리파아제를 살균 시 불활성화시켜야 한다. 유지방의 인지질에는 불포화도가 높은 지방산이 많은데, 이는 공기 중에 자동 산화하여 저분자물질 등을 생성시켜 산패취를 생성시킨다. 이때 햇빛이나 금속이 있다면 더욱 촉진시키므로 주의해야 한다.

2) 우유의 영양 성분

식용으로 이용되고 있는 동물의 젖은 우유, 산양유, 양유, 낙타유 등이 있으나 이 중 우유가 가장 많이 이용되며, 동물의 종류에 따라 성분 차이가 있다. 우유의 수분 함량은 87~88%이며, 고형분은 12~13%이다. 고형분은 지방 3~4%와 지방을 뺀 탈지고형분 8.5~9.0%로 나뉘며, 탈지고형분은 단백질 3~4%, 유당 4.0~5.5%, 무기질 0.5~1.1%로 이루어져 있다.

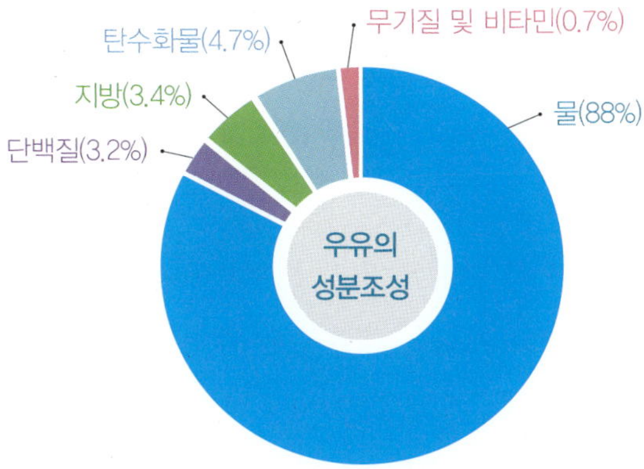

[그림 10-1] 우유의 성분조성

(1) 단백질(protein)

우유의 단백질은 거의 완전한 단백질로 성장과 유지에 필요한 적절한 양의 필수 아미노산을 함유하고 있다. 우유의 단백질은 약 80%가 카세인 형태이며, 그 외의 단백질은 유청단백질로 크게 나누어진다.

❶ 카세인(casein)

카세인은 신선한 우유의 정상적인 pH(약 6.6)에서는 칼슘과 인이 결합된 복합체인 칼슘 포스포카제이네이트로서 안정한 콜로이드 형태인 20~600 nm 크기의 미셀을 이루고 있다. 카세인은 열에 안정하여 열에 잘 응고하지 않으나 산, 효소, 폴리페놀화합물에 의해 응고된다.

❷ 유청단백질(Whey protein)

우유 단백질의 약 20%를 차지하며, 베타 락토글로불린(50%), 알파 락토알부민(25%), 혈청알부민, 면역글로불린, 효소, 펩톤 등이 포함된다. 유청단백질은 카세인과는 달리 산과 레닌에 의해 응고되지 않으나 약 65℃ 이상의 가열에 의해 응고하며, 가열 시 피막을 형성하고 냄비 밑바닥에 침전물이 생기게 된다. 식품 산업에서는 유청단백질을 분리하여 유화제, 젤 형성제, 거품 형성제 등으로 사용하며,

식품에 우유 단백질을 첨가하면 일반적으로 텍스처, 입안 촉감, 보수성, 풍미 등이 증진된다.

(2) 지질(lipid)

우유의 지질은 3~4%를 함유하며, 우유나 유제품의 풍미나 입안의 촉감, 우유의 안정성에 기여한다. 우유의 지방은 대부분은 중성지질이며, 지방을 이루는 지방산은 탄소 수 4~22개의 지방산으로 66%의 포화지방산, 30%의 단일불포화지방산(MUFA), 4%의 다가불포화지방산(PUFA)으로 구성되어 있다. 우유 지방산의 특징은 다른 식품에는 아주 적은 탄소 수가 짧은 저급지방산인 뷰티르산(butyric acid, C4), 카프로산(caproic acid, C6), 카프릴산(caprylic acid, C8), 카프르산(capric acid, C10)의 함량이 높은 것이다. 저급지방산은 융점이 낮아 소화 · 흡수가 잘 되며, 우유와 유제품의 독특한 풍미를 주지만, 리파아제 작용으로 융점이 낮은 유리지방산(free fatty acid: FFA)이 생성되면 이취미(off-flavor)를 일으켜 품질을 떨어뜨리는 원인이 된다.

(3) 탄수화물(carbohydrate)

우유에는 약 4.5%의 탄수화물이 함유되어 있고, 그중 99%가 유당(lactose)이며, 그 외에 포도당과 갈락토스 등이 존재한다. 유당의 감미도는 과당의 약 1/5로 단맛이 적으며, 물에 용해도가 낮아 결정화가 잘 되어 모래 같은 질감을 갖게 되는데, 아이스크림 제조 시 문제가 될 수 있다. 유당은 150~160°C에서 캐러멜화가 시작되어 갈변하게 되므로 조리 시 주의해야 한다. 유당은 장에서 장내 세균에 의해 젖산을 형성시켜 병원균의 감염 위험을 낮추며, 칼슘의 흡수도 증진시킨다. 그러나 유당불내증을 갖고 있는 사람은 유당이 문제가 되기도 한다.

(4) 비타민(vitamin)

우유의 지용성 비타민은 지방구에 용해되어 있으며, 수용성 비타민은 유청에 용해되어 있다. 비타민 A, 비타민 D, 리보플라빈(riboflavin), 나이아신 등 대부분의 비타민이 존재하나, 비타민 C, 비타빈 E는 부족하다. 비타민 A는 카로틴 형태로 존재하며, 소의 사료에 영향을 받고, 우유의 색에 기여한다. 리보플라빈이 상당량 존재하며, 이는 옅은 황색을 띠고 자외선에 산화하므로 포장 시 빛을 차단시켜야 한다. 비타민 D는 우유의 지방에 존재하나 칼슘 흡수를 위하여 대부분의 우유에 강화시키고 있다.

(5) 무기질(mineral)

우유에는 칼슘, 마그네슘, 칼륨, 나트륨 등 무기질이 비교적 골고루 분포되어 있으나 철과 구리가 적게 들어 있다. 무기질은 염화물, 인산 등과 함께 염의 형태로 수용액에 잘 녹아 있어 소화·흡수가 잘 되며, 카세인의 교질용액을 안정하게 한다. 우유의 칼슘과 인의 비율은 약 2:1로 이상적이며, 칼슘과 칼륨, 마그네슘과 나트륨의 비율도 이상적이다. 이같이 우유는 칼슘이 잘 용해된 형태이며, 인과의 비율도 이상적이므로 가장 좋은 칼슘 공급원이 된다.

3) 우유의 조리 변화

(1) 가열에 의한 변화

❶ 유청단백질의 응고

카세인은 보통의 조리 온도에 변화가 없으나, 약 65℃ 전후하여 유청단백질인 락토알부민, 락토글로불린은 응고하기 시작한다.

❷ 피막의 형성

약 40℃ 이상으로 가열하면 엷은 막이 생기기 시작하여 점점 두꺼워진다. 이 현상은 온도 증가로 인해 표면장력이 감소하여 단백질이 응고하여 지방과 소량의 유당, 무기질이 흡착된 것이다. 그러므로 피막을 제거하면 영양상 손실이 일어난다.

❸ 거품 발생

가열에 의해 온도가 상승하면 표면장력이 저하되어 피막 생성과 함께 거품을 발생시키며, 피막 형성이 수분을 증발하는 것을 막아 우유가 끓어 넘치게 된다.

❹ 갈변현상과 향미의 변화

우유를 75℃ 이상으로 가열하면 락토글로불린이 열에 의해 단백질 변성이 되어 3차 구조가 풀리면서 활성화한 -SH기와 황화수소(H_2S)가 생성되어 익은 맛을 내게 된다. 또한, 이보다 높은 고온 120℃에서 5분 이상 가열하면 단백질의 아미노산과 유당 사이에서 아미노-카르보닐 반응에 의한 마이야르 반응과 유당의 캐러멜화에 의해 갈색과 향이 생성된다. 이 현상은 고농도의 가당연유에서 더 쉽게 일어나며, 빵이나 쿠키 제조 시에는 독특한 향과 색을 증진시키게 된다.

❺ 침전물 형성

우유를 63℃ 이상으로 가열하면 가용성인 칼슘과 인이 불용성의 인산삼칼슘($Ca_3(PO_4)_2$)이 되어 침전물을 형성한다. 우유를 60~80℃에서 가열할 때 칼슘은 0.4~9.8%, 인은 0.8~9.5% 정도 감소한다.

(2) 카세인의 응고 현상

❶ 효소 레닌에 의한 응고

우유에 레닌을 첨가하면 카세인이 응고한 커드와 투명한 황록색의 수용액인 유청단백질로 구분된다. 레닌은 송아지의 제4위에 존재하는 단백질 분해효소로 국제효소명명법에서는 키모신(Chymosin)이라고도 한다. 최적 pH 3.4~3.8이고 카세인을 응고시키기 때문에 응유효소라고도 한다. 레닌에 의한 응고물은 산에 의한 응고물보다 칼슘을 더 많이 함유하며, 더 단단하고 질기다. 레닌은 60℃ 이상에서 열에 의해 불활성화되므로 우유를 응고시키기에 적합한 온도는 40℃이다.

❷ 산에 의한 응고

카세인은 우유 자체에서 생성된 산이나 첨가된 산에 의해 응고물을 형성한다. 이는 카세인의 등전점이 pH 4.6이므로 우유에 산을 넣어 등전점에 가깝게 하면 카세인이 침전하기 때문이다. 우유에 유산균을 접종하면 유당이 젖산으로 전환되어 우유의 pH가 저하되고 카세인의 안정성이 파괴되어 우유가 응고하게 된다. 또한, 채소나 과일을 우유와 함께 조리할 때도 채소나 과일의 유기산이 우유의 응고를 촉진시킨다. 토마토 크림 수프를 만들 때 토마토의 양이 많으면 열을 가하지 않아도 응고가 일어나는데 이는 토마토의 산도가 pH 4.4~4.6 정도로 카세인의 등전점에 가깝기 때문이다.

❸ 페놀화합물에 의한 응고

채소나 과일에 함유된 페놀화합물인 탄닌(tannin)은 카세인을 응고시키므로 채소에 우유를 첨가하면 응고물이 생기기도 한다.

❹ 염류에 의한 응고

우유는 염류에 의해 응고되는데, 그 예로 소금은 카세인을 응고시키고 이러한 응고는 고온에서 촉진된다. 우유에 햄을 넣고 가열하면 응고하는 것도 햄에 상당량의 염이 있기 때문이다.

(3) 오버런에 의한 변화

아이스크림을 제조할 때 원료 혼합물을 동결하면서 기포를 혼합·분산시키고 원료 혼합물을 적당히 팽창시켜 용량을 증가시키게 되는데 이것을 오버런(overrun)이라고 한다. 오버런에 의해 기포가 많이 혼합됨에 따라 부드러운 아이스크림 텍스처가 된다.

실험 10-1

가열에 의한 우유의 열응고성

〈실험목적〉

우유를 가열하였을 때 일어나는 우유 표면의 막, 거품, 침전물의 생성 및 갈색화 반응 등을 관찰하고 우유 열응고성을 이해한다.

〈실험재료 및 분량〉

우유 400 mL(200 mL × 2)

〈실험기구〉

비커(200 mL) 2개, 온도계 2개, 석면망 2개, 가열기구 2개

〈실험방법〉

① 석면망을 깐 비커에 우유 200 mL를 넣고 약한 불에서 20분간 젓지 말고 가열한다.

② 다른 비커의 우유 200 mL는 약한 불에서 20분간 저어 주면서 가열한다.

③ 우유 표면의 피막, 비커 바닥의 침전물 유무, 거품 형성, 갈색화 여부 등을 관찰하고 두 시료의 형성 정도를 비교한다.

시료 준비 / 우유 가열 / 두 시료 관찰 / 기록

〈실험결과〉

시료	교반	피막	침전물	거품	갈색화
A	○				
B	×				

* 묘사법으로 기술하시오.

〈실험고찰〉

1. 우유 표면에 생긴 막의 구성 성분은 어떤 물질인가?

2. 바닥과 가장자리의 응고물 성분은 무엇인가?

〈실험고찰〉

3. 우유 가열 시 발생하는 갈색화 현상 원인은 무엇인가?

4. 교반이 우유 열응고성에 미치는 영향은 무엇이고 이유는 무엇인가?

실험 10-2 가열에 의한 우유의 향미 변화

〈실험목적〉

초고온살균(120°C, 3초) 등 우유 가열에 따른 우유 향미 변화를 알 수 있다.

〈실험재료 및 분량〉

우유 1,000 mL(500 mL × 2), 밀폐 용기, 얼음, 물

〈실험기구〉

가열기구, 냄비, 온도계, 난수표, 종이컵

〈실험방법〉

① 우유 500 mL를 냄비에 넣고 120°C에서 30초 동안 끓인다.
② 끓인 우유는 밀폐 용기에 담아 차갑게 식힌다(얼음으로 냉각 · 냉장 보관 등).
③ 끓여서 식힌 우유(A) 500 mL와 일반 우유(B) 500 mL는 같은 온도로 준비한다.
④ 난수표에서 추출한 세 자리 숫자를 이용하여 종이컵 9개를 라벨링한다.
⑤ ④ 라벨링한 종이컵에 A 우유 5개, B 우유 4개를 각각 20 mL씩 담아 준비한다.
⑥ Triangle test를 위해 한 세트에 같은 우유 2개와 다른 우유 1개씩 섞어 3세트를 준비한다[예: 세트 1(A, B, A), 세트 2(B, B, A), 세트 3(A, A, B) 등].
⑦ 세 가지 우유를 맛본 후 다른 한 가지를 찾아내게 한다.
⑧ 하나의 시료를 맛본 후 중간에 물로 입을 헹구며 평가한다.
⑨ 패널 전체의 검사 결과를 기록한 후 정답을 맞힌다.

초고온살균

식히기

우유 3세트 준비

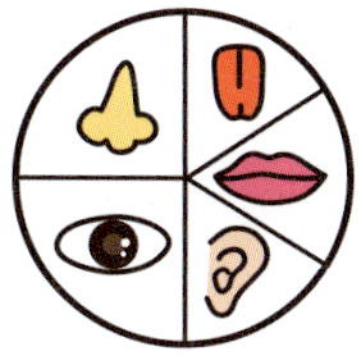
관능평가

〈실험결과〉

관능요원	1회	2회	3회
1.			
2.			
3.			
4.			
5.			
6.			
7.			
8.			
정답 수	정답 ( )회/ 전체 검사 ( )회 * 통계적 유의도 확인: 삼점검사 유의도표 확인(p. 56 참조)		

〈실험고찰〉

1. 가공법은 우유 맛에 영향을 주는가?

2. 우유 이취 성분은 무엇인가?

3. 초고온살균법 특징과 장단점 및 그에 따른 우유 성분의 변화를 알아보자.

실험 10-3

산도에 따른 카세인 응고 변화

〈실험목적〉

pH 변화에 따른 우유 단백질인 카세인의 응고 변화를 관찰할 수 있다.

〈실험재료 및 분량〉

우유 800 mL(200 mL × 4), 식초(산도 5~6%) 90 mL, 탄산수소나트륨(중조) 1 Ts

〈실험 기기〉

비커, 메스실린더, pH paper(pH meter), 깔때기, 여과지, 온도계

〈실험방법〉

① 비커 4개에 각각 우유 200 mL를 담고 pH를 측정한다.

② ①에 각각 식초 15 mL, 30 mL, 45 mL씩 넣고, 나머지는 중조 1 Ts을 넣어 잘 섞은 후 각각의 pH를 즉시 측정한다.

③ ②를 5분 이상 방치하고 응고물을 관찰한다.

④ 메스실린더 위에 여과지를 얹은 깔때기를 올려놓고 ③을 부어 유청과 응고물을 분리한다.

⑤ 유청량과 응고물의 무게를 측정한다.

우유 준비

식초, 중조 넣기

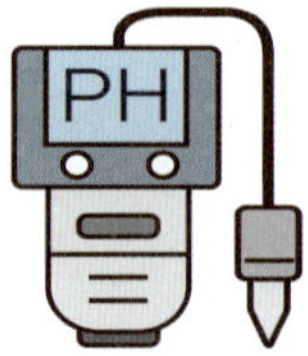

pH 측정

5분 방치

측량

〈실험결과〉

시료	pH	유청량(mL)	응고물(g)	응고물 상태
우유				
우유 + 식초(15 mL)				
우유 + 식초(30 mL)				
우유 + 식초(45 mL)				
우유 + 중조 1 Tsp				

〈실험고찰〉

1. 단백질의 등전점이란 무엇이고, 카세인 등전점은 몇인가?

2. 카세인이 등전점에서 응고되는 이유는 무엇인가?

3. 산도에 따라 응고물의 상태와 유청량이 달라지는 이유는 무엇인가?

실험 10-4

코티지 치즈(Cottage cheese) 만들기

〈실험목적〉

즉석 코티지 치즈를 만들어 봄으로써 산에 따른 우유 카세인 응고 변화와 치즈의 원리를 알 수 있다.

〈실험재료 및 분량〉

우유 2,000 mL(1,000 mL × 2), 생크림 500 mL, 레몬 2개(레몬즙 200 mL), 소금 20 g

〈실험 기기〉

냄비, 주걱, 가열기구, 면보, pH meter

〈실험방법〉

① 우유를 1,000 mL씩 2개의 냄비에 나눈다.
② 하나의 냄비는 우유만, 다른 하나는 우유와 생크림 500 mL를 넣고 80℃가 될 때까지 가열한다.
③ ②의 우유에 각각 소금 10 g을 넣고 마지막에 레몬즙 100 mL를 넣는다.
④ 약불로 조금 더 끓이면서 살살 저으면 몽글몽글 응고되기 시작한다.
⑤ 면보 위에 우유 응유물을 붓는다.
⑥ 유청의 pH를 측정한다.
⑦ 응고물을 냉각시켜 꼭 짠 후 성형 틀에 담아 무거운 것으로 눌러 놓는다.
⑧ 냉장 온도에서 보관하여 식힌 후 관능평가한다.

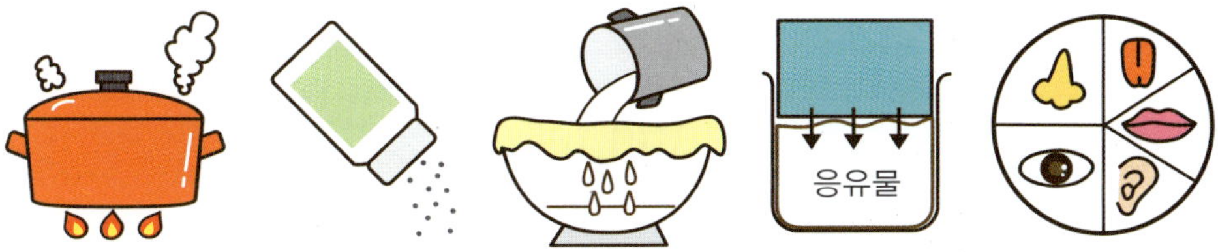

우유 가열 / 첨가물 넣기 / 응유물 붓기 / 성형하기 / 관능평가

〈실험결과〉

	관찰			관능평가(5점 만점)		
	끓인 우유	산 첨가 후	pH	촉감	맛	기호도
우유						
우유 + 생크림						

〈실험고찰〉

1. 코티지 치즈의 원리를 알아보자.

2. 카세인의 효소(rennin)에 의한 응고 원리를 알아보자.

3. 코티지 치즈를 만들 때 우유를 가열하는 이유는 무엇인가?

CHAPTER 11

채소와 과일을 이용한 실험

1. 식물세포의 구조와 성질

식물세포의 구조는 조직에 따라 다르나 모든 식물세포는 세포벽에 둘러싸여 있으며, 그 안에 세포막이 있다. 세포막 내부는 액체 성분인 세포질로 되어 있으며, 세포질에는 핵, 미토콘드리아, 액포, 엽록체와 같은 색소체 등 소기관이 있다.

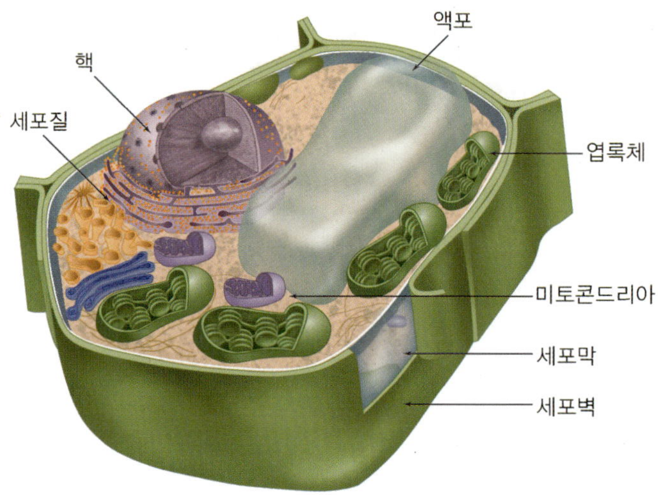

[그림 11-1] 식물세포의 구조

1) 세포벽

세포벽은 세포의 형태를 지지해 준다. 세포벽은 셀룰로스(cellulose), 헤미셀룰로스(hemicellulose), 펙틴질(pectic substance), 리그닌(lignin) 등으로 되어 있다. 셀룰로스는 세포벽의 주요 구성 성분으로 세포벽에 질기면서 부드러운 성질을 주고, 펙틴질은 비결정체 물질로 세포와 세포 사이를 채우면서 세포벽의 셀룰로스 섬유 사이를 연결해 준다. 리그닌은 나무 같은 특성을 생기게 하여 조직을 질기고 딱딱하게 만든다.

2) 세포질

세포질에는 핵, 미토콘드리아, 액포와 색소체 등 소기관이 있다. 대부분의 성숙한 식물세포는 액포를 가지고 있으며, 막에 의해 둘러싸여 있다. 액포는 세포 내부의 80% 이상을 차지하고 있으며, 세포액을 이용하여 세포벽에 대해 팽압을 유지하는 기능을 담당한다. 팽압이 높아지면 식물은 아삭아삭한 질감을 갖게 된다. 식물을 물과 같은 저농도 액체에 넣으면 삼투압에 의해 세포가 물을 흡수하여 액포 속으로 물이 들어가게 되고 팽압이 높아져 식물은 더 아삭아삭한 질감이 된다. 반대로 식물을 고농도 액체에 넣으면 삼투압에 의해 수분 손실이 일어나게 되고, 따라서 팽압이 낮아지면 세포는 원형질 분리가 일어나게 되어 식물은 시들시들한 질감을 갖게 된다.

색소체에는 엽록체, 유색체, 백색체가 있다. 엽록체는 청록색을 보여 주는 클로로필(chlorophyll, 엽록소)을 함유하고 있으며, 유색체는 황색, 주황색을 나타내는 카로티노이드(carotenoid) 색소를 포함하고 있다. 백색체는 색소를 갖지 않으며, 주로 녹말을 저장한다.

식물의 세포와 세포는 완전히 밀착되어 있지 않고 세포 사이에 공기가 함유되어 있는 세포 간 공기층이 있다. 세포 간 공기층은 식물의 조직을 불투명하게 만들고 아삭아삭한 질감을 주고 용량을 증가시킨다. 세포 간 공기층의 비율이 높을수록 채소나 과일의 질감이 아삭아삭해진다. 세포 간 공기층이 제거되고 조직이 연화되면 채소나 과일의 질감은 물러진다.

2. 채소와 과일의 조리 시 변화

1) 영양 성분의 변화

영양소는 조리하는 동안 물이나 용액으로 흘러나와 영양소의 손실이 있는데,

특히 수용성 영양소의 손실이 크다. 또한, 가열에 의해서도 화학적인 성분이 변화하거나 산화되어 영양소가 파괴된다. 이와 같은 조리 시 영양소의 파괴는 조리용액이 많을수록, 오래 가열할수록, 채소의 표면적이 넓을수록 많아진다. 또한, pH의 변화나 기계적인 손상에 의해서도 영양소는 손실된다.

2) 색의 변화

청록색의 클로로필은 식물의 잎과 줄기세포 내 엽록체에 단백질과 결합되어 존재한다. 클로로필에는 클로로필 a와 b가 있는데 클로로필 a는 청록색, 클로로필 b는 황록색으로 식물에 따라 클로로필 a와 b의 구성비가 다르다. 고등식물은 대체로 클로로필 a와 b의 비율이 3:1의 비율로 존재한다. 청록색의 클로로필을 산성용액에서 가열하면 클로로필의 마그네슘이온(Mg^{2+})이 수소이온(H^+)으로 치환되어 갈색의 페오피틴(pheophytin)이 형성된다. 이 페오피틴에 산의 작용이 지속되면 피톨(phytol)기가 제거되어 갈색의 페오포비드(pheophorbide)로 분해된다. 조리수가 약알칼리일 때 클로로필의 피톨기가 제거되어 청록색의 클로로필은 짙은 청록색인 수용성 클로로필리드(chlorophyllide)가 되고 계속해서 메틸기가 제거되어 짙은 청록색의 클로로필린(chlorophyllin)으로 가수분해된다. 조직을 자르거나 분쇄하면 조직이 파괴되어 세포 내의 클로로필라아제(chlorophyllase)가 유리된다. 클로로필라아제가 클로로필에 작용하면 클로로필의 피톨기가 제거되어 짙은 청록색인 클로로필리드가 생성된다. 클로로필이 있는 채소를 구리, 철 등의 금속이온과 함께 가열하면 클로로필 중의 마그네슘이온(Mg^{2+})이 이들 금속이온과 치환되어 안정하고 선명한 철-클로로필, 구리-클로로필을 생성한다. 클로로필은 불포화도가 높기 때문에 산화에 의해 파괴되어 변색 · 퇴색된다.

카로티노이드는 자연계에 가장 많이 존재하는 천연 색소로 채소와 과일의 황색과 주황색, 약간의 적색을 나타내는 색소이다. 카로티노이드의 종류는 탄소와 수소만으로 구성되어 있는 카로틴(carotenes)과 탄소와 수소 외에 산소를 가지고 있는 잔토필(xanthophyll)로 구분된다. 카로틴에는 α-카로틴, β-카로틴, γ-카로틴, 리코펜(lycopene) 등이 있고, 잔토필에는 루테인(lutein), 제아잔틴(zeaxanthin), 크립토잔틴(cryptoxanthin) 등이 있다. 카로티노이드는 지용성으로 물에는 용해되지 않으나 지방에 용해된다. 당근을 기름에 볶을 때 β-카로틴이 기름에 용출되는 것을 볼 수 있다. 카로티노이드는 천연 색소 중 비교적 안정하여 조리하는 방법에 거의 영향을 받지 않는다.

플라보노이드는 페놀 화합물로 자연계에 존재하는 대부분의 플라보노이드는 당과 결합되어 있는 배당체로 존재하는 수용성 색소이다. 플라보노이드 종류로는 안토잔틴(anthoxanthine), 안토시아닌(anthocyanin), 류코안토시안(leucoanthocyan), 카테킨(catechin) 등이 있으나 좁은 의미의 플라보노이드는 안토잔틴만을 의미하기도 한다. 무색이거나 담황색인 안토잔틴은 구조에 따라 플라본(flavone), 플라보놀(flavonol), 플라바논(flavanone), 플라바노놀(flavanonol), 이소플라본(isoflavone) 등의 다섯 종류가 존재한다. 안토잔틴은 산에는 안정하여 선명한 백색을 유지하나 알칼리와 반응하면 불안정하여 노르스름하게 된다. 안토잔틴은 여러 개의 페놀성 수산기(hydroxyl group)를 가지고 있으므로 금속과 반응하여 불용성 착화합물을 만든다. 파랑, 자주, 보라, 빨강 및 주황색을 나타내는 안토시아닌은 매우 불안정하여 가공이나 저장 중에 색깔이 쉽게 퇴색된다. 안토시아닌은 pH 3 이하에서 빨간색, pH 8.5 부근에서 보라색, pH 11.0 이상의 알칼리성일 때는 녹색 또는 청색으로 변한다. 안토시아닌은 분해효소의 작용과 금속염과의 반응으로 안토시아닌이 퇴색되거나 암갈색으로 변한다.

3) 향미의 변화

마늘, 파, 양파, 부추 등의 파과 채소는 시스테인의 유도체인 황화합물이 함유되어 있다. 이들 채소는 썰거나 다지기 이전에는 냄새가 나지 않지만, 조직이 파괴되어 효소가 기질인 황화합물과 접촉하면 자극성이 강한 냄새 성분이 형성된다. 마늘에 함유되어 있는 알린(alliin)이라는 황화합물은 조직이 파괴될 때 유출되는 알리네이스(alliinase)에 의해 알리신(allicin)으로 전환된다. 알리신은 마늘의 주요 매운맛 성분으로 불쾌한 냄새는 없으나, 매우 불안정하므로 디알릴디설파이드(diallyl disulfide) 등 휘발성이 강한 저분자화합물로 분해되어 마늘 특유의 강한 냄새와 매운맛을 나타낸다. 이들 냄새 성분들은 가열 조리에 의해 휘발되므로 냄새가 약화된다. 또한, 가열하면 설탕보다 단맛이 강한 프로필머캅탄(propylmercaptane)이 생성되어 단맛이 나는데, 특히 가열한 양파가 단맛이 나는 것은 이 때문이다.

배추류에는 시니그린(sinigrin)이라는 알릴아이소싸이오사이아네이트(allyl isothiocyanate)의 배당체인 황화합물이 함유되어 있는데, 조직을 절단하면 미로시네이스(myrosinase)의 효소작용에 의해 독특한 향기와 매운맛을 내는 이소티오시아네이트(isothiocyanate, 겨자유)가 생성된다.

4) 질감의 변화

채소를 물에 담그면 수분이 세포 내로 침투해 들어가서 세포의 팽압이 증가하므로 아삭한 정도가 증가한다. 반대로 채소에 소금을 첨가하면 숨이 죽는데, 이와 같은 채소의 절임은 채소에 적당한 염도를 부여해 간을 맞게 하고 숨을 죽여 부드럽게 하며, 수분이 빠져나와 질감이 시들시들해진다. 이 과정은 반투막을 사이에 두고 농도가 다른 두 용액이 만나면 농도가 낮은 쪽에서 높은 쪽으로 물이 이동하는 삼투작용 때문이다. 또한, 채소를 가열하면 확산에 의해 용질의 이동이 일어나므로 가열하는 동안 세포 내의 용질이 조리수에 용출된다. 또한, 세포 간 공간에 차 있던 공기층이 제거되고 물로 채워져 삶은 채소는 색이 더 진해지고 선명해지며 아삭아삭한 조직이 연화되어 질감이 물러지고 부피가 줄어든다. 채소의 조리 시 셀룰로스는 알칼리에 의해 분해되어 부드러워지며, 산에 의해 단단해지므로 조리 용액에 중조(알칼리)를 첨가하면 짧은 시간에도 조직이 부드러워지지만 과량 사용시 뭉그러질 수 있고 식초(산)를 첨가하면 단단해진다. 펙틴과 헤미셀룰로스는 조리에 의해 부드러워지나 리그닌은 조리해도 연해지지 않는다.

5) 맛의 변화

채소를 물에 삶으면 수용성 맛 성분이 용출되어 맛을 잃게 된다. 그러므로 시금치, 쑥갓, 가지, 호박 등은 단시간에 소량의 물을 사용하여 조리하는 것이 좋다. 특히, 가지나 호박은 물에 삶는 것보다 오븐에 굽거나 증기에 찌면 향미 성분이 더 많이 남는다. 채소는 매운맛, 떫은맛, 쓴맛, 아린 맛 등의 맛 성분을 함유하고 있는데, 이런 성분은 소량인 경우에는 채소의 풍미를 높일 수 있으나 다량인 경우에는 불쾌감을 주므로 제거해야 한다.

3. 과일의 갈변현상

1) 효소적 갈변현상

사과, 복숭아, 바나나 등의 과일은 껍질을 벗기거나 상처를 입었을 때 갈색으로 변한다. 이와 같은 갈변현상은 과일의 세포 속에 들어 있던 폴리페놀옥시다아제(polyphenoloxidase)나 티로시나아제(tyrosinase, monophenoloxidase)가 유출되어 기질인 폴리페놀 화합물이나 티로신에 작용하여 갈색의 멜라닌을 생성하기 때문이다.

2) 효소적 갈변 방지법

채소나 과일의 갈변반응은 빠르게 진행되는데 갈변반응을 방지하려면 효소를 변성, 불활성화시키든지 반응계로부터 제거해야 한다. 따라서 통조림이나 잼 등의 제조 시 효소를 빠르게 불활성화시키기 위하여 고온가열을 한다. 산소와의 접촉을 막는 것(진공 포장)도 갈변 방지에 효과적이며, 냉각 · 냉동도 효소작용을 억제한다. 또한, 설탕 또는 시럽 등의 당류 첨가는 당용액이 공기와의 접촉을 막기 때문에 갈변 방지에 효과가 있다.

3) 펙틴 겔 형성

대부분의 과일은 펙틴(pectin)을 가지고 있어 당과 산이 적당량 존재하면 잼이나 젤리, 마멀레이드 등과 같은 펙틴 겔(gel)을 만들 수 있다. 겔이 가장 잘 형성되는 조건은 펙틴 1.0%, 산 0.3%(pH 3.0~3.3), 당 65%이다.

과일의 껍질과 조직에 주로 함유된 펙틴은 세포벽 사이에 존재하며 세포를 결착시키는 접착제 역할을 한다. 펙틴은 갈락투론산(galacturonic acid)이 연결된 중합체로 분자 내에 음전하(COO^-)를 많이 가지고 있기 때문에 물에서는 교질상의 졸(sol)을 형성하고 있다. 과일에 들어 있는 펙틴을 추출하려면 과일을 최소한의 물과 함께 끓여야 하며, 다량의 물을 사용하면 펙틴이 희석되어 겔이 잘 형성되지 않는다.

당은 주로 설탕을 첨가하는데 설탕은 겔 형성 시 탈수제 역할을 한다. 펙틴분자는 교질상의 졸 상태(교질용액)로 되어 있는데 여기에 설탕을 첨가하면 교질용액 내의 물 분자나 펙틴 표면에 수화되어 있는 물 분자들이 설탕의 수화에 이용되어 제거되므로 분자 간의 간격이 줄어들어 펙틴 분자 간의 접촉이 쉽게 된다. 설탕은 처음부터 넣어 가열하는 것이 좋은데 설탕을 나중에 넣고 가열하면 강도가 약해지기 때문이다.

당 첨가 후 산이 존재하면 산에서 형성된 수소이온(H^+)에 의해 펙틴분자들이 가진 음전하가 중화되어 펙틴분자의 안정성이 감소되므로 펙틴분자끼리의 결합과 침전이 용이해지고 펙틴분자 간에 다리를 놓아 펙틴이 망상구조를 형성하게 한다.

실험 11-1

채소의 조리 조건에 따른 색과 질감의 변화

〈실험목적〉

조리 조건에 따른 채소의 색과 질감의 변화를 확인한다.

〈실험재료 및 분량〉

시금치 80 g(20 g×4), 당근 80 g(20 g×4), 적양배추 80 g(20 g×4), 양파 80 g(20 g×4), 물 800 mL(200 mL×4), 1% 식초 800 mL(200 mL×4), 0.5% 중조 용액 800 mL(200 mL×4), 2% 소금 용액 800 mL(200 mL×4)

〈실험기기 및 기구〉

저울, 메스실린더, 냄비 4개, 타이머, pH 미터(pH 시험지), 흰 접시

〈실험방법〉

① 4개의 냄비에 물 200 mL, 1% 식초 200 mL, 0.5% 중조 용액 200 mL, 2% 소금 용액 200 mL를 각각 넣고 조리수의 pH를 측정한다.

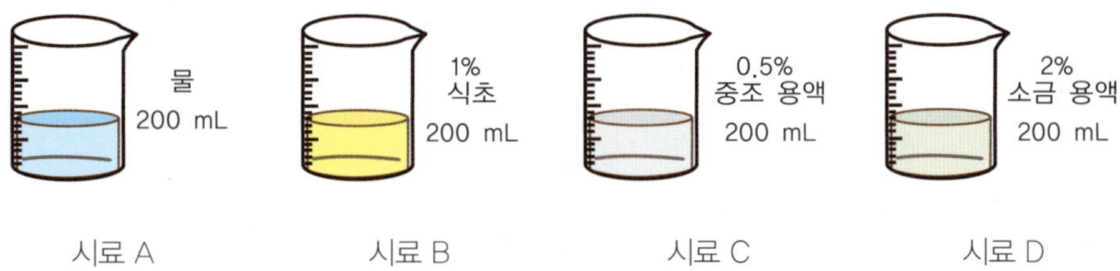

② ①을 가열하고 끓으면 시금치, 당근, 적양배추, 양파 시료를 20 g씩 넣고 5분간 끓인다.

③ 조리수와 채소를 분리하여 조리수의 pH를 측정하고, 색 변화를 묘사법으로 평가한다.

④ 분리한 채소 시료의 색과 질감의 변화를 묘사법으로 평가한다.

〈실험결과〉

<table>
<tr><th>시료</th><th colspan="2">시금치</th><th colspan="2">당근</th><th colspan="2">적양배추</th><th colspan="2">양파</th></tr>
<tr><td rowspan="2">가열 전
조리수의 pH</td><td>A</td><td>B</td><td>A</td><td>B</td><td>A</td><td>B</td><td>A</td><td>B</td></tr>
<tr><td>C</td><td>D</td><td>C</td><td>D</td><td>C</td><td>D</td><td>C</td><td>D</td></tr>
<tr><td rowspan="2">가열 후
조리수의 pH</td><td>A</td><td>B</td><td>A</td><td>B</td><td>A</td><td>B</td><td>A</td><td>B</td></tr>
<tr><td>C</td><td>D</td><td>C</td><td>D</td><td>C</td><td>D</td><td>C</td><td>D</td></tr>
<tr><td rowspan="4">가열 후
조리수의 색</td><td colspan="2">A</td><td colspan="2">A</td><td colspan="2">A</td><td colspan="2">A</td></tr>
<tr><td colspan="2">B</td><td colspan="2">B</td><td colspan="2">B</td><td colspan="2">B</td></tr>
<tr><td colspan="2">C</td><td colspan="2">C</td><td colspan="2">C</td><td colspan="2">C</td></tr>
<tr><td colspan="2">D</td><td colspan="2">D</td><td colspan="2">D</td><td colspan="2">D</td></tr>
<tr><td rowspan="4">가열 후
채소의 색</td><td colspan="2">A</td><td colspan="2">A</td><td colspan="2">A</td><td colspan="2">A</td></tr>
<tr><td colspan="2">B</td><td colspan="2">B</td><td colspan="2">B</td><td colspan="2">B</td></tr>
<tr><td colspan="2">C</td><td colspan="2">C</td><td colspan="2">C</td><td colspan="2">C</td></tr>
<tr><td colspan="2">D</td><td colspan="2">D</td><td colspan="2">D</td><td colspan="2">D</td></tr>
<tr><td rowspan="4">가열 후
채소의 질감</td><td colspan="2">A</td><td colspan="2">A</td><td colspan="2">A</td><td colspan="2">A</td></tr>
<tr><td colspan="2">B</td><td colspan="2">B</td><td colspan="2">B</td><td colspan="2">B</td></tr>
<tr><td colspan="2">C</td><td colspan="2">C</td><td colspan="2">C</td><td colspan="2">C</td></tr>
<tr><td colspan="2">D</td><td colspan="2">D</td><td colspan="2">D</td><td colspan="2">D</td></tr>
</table>

〈참고사진〉

식초

중조 용액

소금 용액

식초

중조 용액

소금 용액

식초

중조 용액

소금 용액

식초

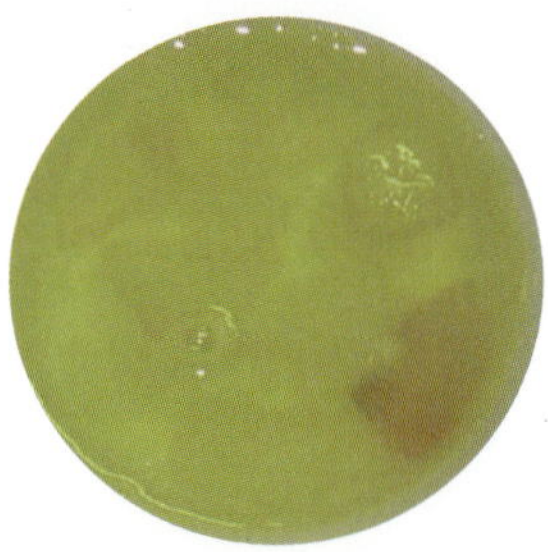
중조 용액

소금 용액

〈실험고찰〉

1. 산, 알칼리, 소금 첨가에 의한 채소의 색소 변화는 어떠한가?

2. 산, 알칼리, 소금 첨가에 의한 채소의 질감 변화는 어떠한가?

실험 11-2

채소의 수분 흡수에 의한 질감의 변화

〈실험목적〉

채소를 썰어 물에 담갔을 때 질감의 변화를 확인한다.

〈실험재료 및 분량〉

양상추 150 g(50 g×3), 물, 얼음

〈실험기기 및 기구〉

저울, 타이머, 접시 3개, 볼 2개, 체

〈실험방법〉

① 양상추를 적당한 크기로 뜯어 다음과 같이 준비한다.

- 시료 A: 실온에서 20분간 방치한다.
- 시료 B: 실온에서 20분간 방치한 후 찬물에 잠깐 담갔다가 체에 건져 2분 동안 물기를 뺀다.
- 시료 C: 충분한 양의 얼음물에 20분간 담갔다가 체에 건져 2분 동안 물기를 뺀다.

시료 A　　시료 B　　시료 C

② 시료를 접시에 담고 외관과 질감을 묘사법으로 평가한다.

〈실험결과〉

시료	시료 A	시료 B	시료 C
외관			
질감			

* 묘사법으로 기술하시오.

〈실험고찰〉

1. 채소의 수분 흡수와 질감의 변화는 어떠한가?

2. 채소의 수분 흡수와 질감의 변화 이유는 무엇인가?

실험 11-3

과일의 갈변

〈실험목적〉

과일의 효소에 의한 갈변반응을 이해하고 이를 방지하는 방법을 확인한다.

〈실험재료 및 분량〉

0.1 % 식초 용액 100 mL, 2% 설탕 용액 100 mL,

사과 150 g(50 g×3), 배 150 g(50 g×3), 바나나 150 g(50 g×3)

〈실험기기 및 기구〉

비커(200 mL) 9개, 메스실린더, pH 미터(pH 시험지), 일반 조리기구

〈실험방법〉

① 비커에 다음의 A, B, C 세 종류의 용액을 만들어 붓고, 용액의 pH를 측정한다.

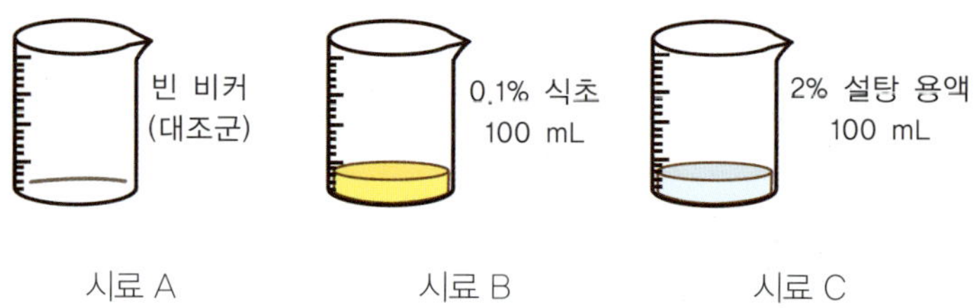

② 사과, 배는 물에 씻어 껍질을 벗기고, 바나나는 그대로 껍질을 벗긴 후 50 g의 조각으로 자른다.

③ ②의 과일을 시료 A, B, C에 각각 담고, 60분, 120분 후에 과일 절단면의 색 변화를 관찰한다.

〈실험결과〉

	pH	분	사과	배	바나나
A		60			
		120			
B		60			
		120			
C		60			
		120			

〈참고사진〉

사과 갈변 전

사과 갈변 후

바나나 갈변 전

바나나 갈변 후

〈실험고찰〉

1. 사과, 배, 바나나 등의 과일을 절단하면 시간이 지남에 따라 갈색으로 변하는데 이때의 화학적 반응에 대해 설명하시오.

2. 과일의 효소적 갈변을 예방하는 방법에 대해서 쓰시오.

CHAPTER 12

한천과 젤라틴을 이용한 실험

1. 한천

한천은 우뭇가사리와 같은 홍조류에서 추출되는 다당류로 주성분은 갈락탄(galactan)이다. 겔(gel)을 형성하는 능력이 강하여 0.2~10.3% 정도의 농도에서도 겔을 형성하고 1~2%의 농도에서는 매우 단단한 겔을 형성한다. 고온에도 잘 견디므로 식품에 많이 사용되어 왔다. 한천은 아가로스(agarose)와 아가로펙틴(agaropectin)으로 구성되어 있다. 이 중 중성다당류인 아가로오스는 겔(gel)화 특성이 강해 겔의 강도를 높이고 아가로펙틴은 점탄성을 부여한다. 한천의 용해 온도는 이러한 특성으로 젤리나 양갱 등의 식품에 또는 빵이나 과자 제조 시 첨가제로 사용된다. 또한, 한천은 80% 정도가 섬유소로 구성되어 있기 때문에 소화 · 흡수가 되지 않아 열량이 낮으므로 다이어트 식품으로도 많이 이용되고 있다.

1) 사용방법

건조된 한천을 물에 담가 팽윤시키고 가열하여 용해시킨 다음, 다른 재료들과 섞고 체에 거른 후, 약 38°C에서 굳을 때까지 식힌다. 가열하여 녹인 한천의 온도를 낮추면 겔이 형성되고 80°C 이하에서는 녹지 않는 특성이 있다.

2) 한천 조리 시 첨가물의 영향

- 설탕: 한천은 설탕을 0~60%까지 첨가하면 겔화 온도와 강도가 높아지고 점성과 탄성이 증가하며, 투명도도 증가하고 이수현상이 줄어든다. 젤라틴은 설탕의 농도가 0~50%까지 농도가 증가하면 겔 강도가 약해진다.
- 산: 한천은 알칼리에서는 강하게 응고하지만, 한천 용액에 과즙 등을 첨가하면 분해되어 겔 형성 능력이 감소한다. 그러므로 한천에 과즙을 첨가할 때는 한천을 가열하여 용해한 후 60°C로 식인 후에 첨가하여야 한다.
- 우유, 전분, 난백: 겔의 강도를 약화한다.

2. 젤라틴

젤라틴(gelatin)은 동물의 피부나 껍질 및 인대 연골 등을 구성하는 콜라겐 단백질을 열수로 추출하거나 산·알칼리 처리로 분해하여 얻는 단백질이다. 분말이나 판상으로 얻게 되며, 맛과 냄새가 거의 없다. 5~10배의 물을 흡수하며, 35°C 이하에서 겔을 형성한다. 한천은 80°C에서 녹고 젤라틴은 30~40°C에서 녹기 때문에 한천보다 부드러운 느낌이 난다. 약산성에서는 pH에 큰 영향을 받지 않고 겔을 형성하거나 강산성에서는 가수분해가 일어나 겔이 약해진다.

젤라틴은 원료가 단백질이므로 단백질 분해효소가 들어 있는 식품과 같이 사용하면 젤라틴이 분해되어 겔화하는 능력이 감소한다. 그러므로 파인애플이나 키위즙 등을 첨가 시에는 이들이 함유하고 있는 효소를 불활성화시킨 후에 사용하도록 한다. 설탕의 첨가량이 증가하면 겔의 강도가 약해진다. 시중에서는 가루, 판으로 판매되며 젤리, 마시멜로(marshmallow), 케이크 제조 등에 사용된다.

3. 한천과 젤라틴 비교

	한천	젤라틴
원료	• 우뭇가사리를 뜨거운 물에 끓여서 응고물인 우무를 얼려 말린 해조가공품	• 동물의 가죽, 힘줄, 연골 등에 열을 가하여 얻어지는 유도 단백질
특징	• 젤라틴 3배의 응고력을 갖고 있고 산에 약해 산성물질(과일)이 들어가는 제품(무스, 젤리 등)보다 양갱을 만드는 데 사용하면 좋음 • 80~100°C에서 녹고 40°C 전후에서 젤리화됨	• 판 젤라틴과 가루 젤라틴은 이론적으로는 차이가 있지만, 실무에서 사용하면 거의 차이를 못 느낌(동일한 양 사용 가능) • 젤라틴의 응고성을 이용하여 음식물에 섞어서 단단함을 갖추기 위해 널리 이용함
사용 방법	• 실 한천: 작업하기 하루 전(최소 6시간)에 물에 푹 담가 불리고 체로 물기를 거른 후 사용 • 분말(가루) 한천: 바로 물에 불려서 사용	• 판 젤라틴: 젤라틴의 5배의 양의 찬물에 젤라틴을 넣고 10분 정도 불린 후 중탕이나 전자레인지에 녹여서 사용 • 가루 젤라틴: 판 젤라틴과 사용방법 동일

	한천	젤라틴
용도	• 과자 원료(양갱), 의약품 원료, 반찬(우무채, 우무 장아찌) 등	• 영양상 중요한 아미노산이 없거나 적어 영양 가치는 적음 • 사진감광막, 지혈제, 가공식품, 약용캡슐 등에 사용됨

4. 한천과 젤라틴의 2색 젤리 응고상태 실험

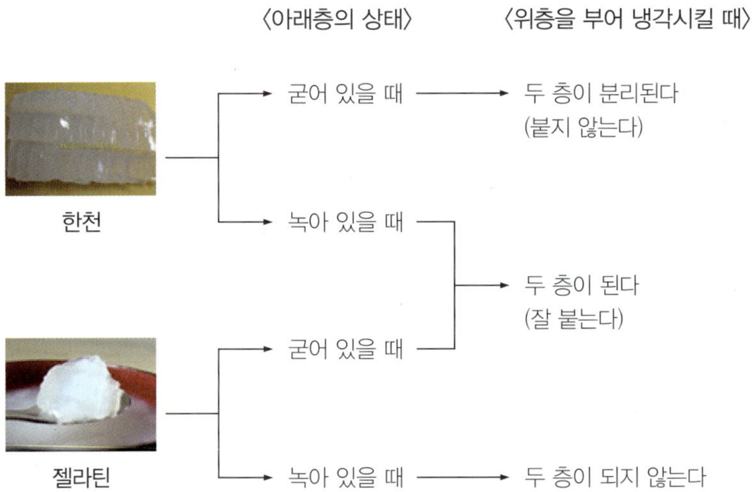

실험 12-1 한천을 이용한 양갱 제조

〈실험목적〉

한천을 이용하여 양갱을 제조하여 겔 형성 과정을 살펴보고 당의 농도를 달리하였을 때 차이점을 살펴본다.

〈실험재료 및 분량〉

분말 한천 12 g(4 g×3), 팥앙금(200 g×3), 소금 약간, 설탕 160 g, 물

〈실험기기 및 기구〉

체, 주걱, 일반 조리도구

〈실험방법〉

① 분말 한천 4 g씩을 각각 냉수 200 mL에 넣어 30~60분 동안 불린다.

② 팥앙금을 200 g 무게를 재서 한천이 녹여진 물에 넣고 팥앙금을 잘 풀어준다.

③ 각각의 불린 한천에 물 200 mL, 약간의 소금, 설탕 100 g(A), 150 g(B), 200 g(C)을 넣고 끓인다.

	A	B	C
한천(g)	4	4	4
냉수(mL)	200	200	200
팥앙금(g)	200	200	200
설탕(g)	100	150	200

④ 전체 양의 1/4 정도로 줄었을 때 팥 앙금을 넣고 저어 한소끔 끓인 다음 불에서 내려 식힌다.

⑤ 틀에 ④를 넣고 냉장고에서 굳혀 적당한 크기로 썬다.

〈실험결과〉

	A	B	C
겔의 강도			
맛			
색			
조직			
기호도			

〈실험고찰〉

1. 한천은 식품의 분류 중 어디에 속하는가?

2. 한천으로 양갱 제조 시 설탕의 첨가가 미치는 영향에 대해 쓰시오.

실험 12-2

젤라틴 겔화 실험: 젤라틴을 이용한 과일 젤리 제조

〈실험목적〉

젤라틴을 이용하여 과일 젤리를 만드는 원리를 이해하고 산도와 설탕 농도를 달리 하였을 때 겔의 형성 정도와 강도를 비교한다.

〈실험재료 및 분량〉

젤라틴 20 g, 레몬 주스 1컵, 사과 주스 1컵, 포도 주스 1컵, 설탕 20 g, 물

〈실험기기 및 기구〉

온도계, 냄비, 일반 조리기구

〈실험방법〉

① 찬물 100 mL에 젤라틴 20 g을 넣고 30분 동안 불린다.
② 중탕하여 젤라틴을 완전히 녹인 후 설탕 20 g을 넣고 함께 끓인다.
③ 젤라틴-설탕 용액이 끓으면 각각의 과일 주스를 1컵씩 넣고 온도를 낮추어 60~70°C에서 가열한다. 대조군의 경우 과일 주스 대신 물 1컵을 넣는다.

시료	대조군	A	B	C
찬물(mL)	100	100	100	100
젤라틴(g)	20	20	20	20
액체 1C	물	레몬 주스	사과 주스	포도 주스

④ 용액의 점도가 증가하면 불을 끄고 용기에 붓는다.

⑤ 젤라틴 과즙 용액을 냉각하여 겔을 형성하는 과정을 살펴보고 형성된 겔의 강도를 비교한다.

⑥ 젤리를 용기에서 꺼내 실온에서 약 3시간 동안 굳힌다.

⑦ 젤리를 가로×세로×높이 각각 3 cm 정육면체로 자른 뒤에 겔의 강도, 투명도, 기호도를 평가한다.

〈실험결과〉

시료	겔 형성 시간	겔의 강도	겔의 투명도	기호도
대조군				
레몬 주스 첨가				
사과 주스 첨가				
포도 주스 첨가				

〈실험고찰〉

1. 젤라틴이란 무엇이며, 어떠한 식품의 제조에 사용되는지 쓰시오.

2. 젤라틴에 산을 첨가할 때의 변화를 설명하시오.

CHAPTER 13

유지류를 이용한 실험

1. 유지의 정의

유지는 물에 녹지 않고 유기용매에 녹는 성분으로 지방산의 에스터(ester)로 존재하거나 지방산의 에스터를 형성할 수 있다. 글리세롤 1분자에 3개의 지방산이 결합한 중성지질(triglyceride)이 일반적인 유지의 형태이다.

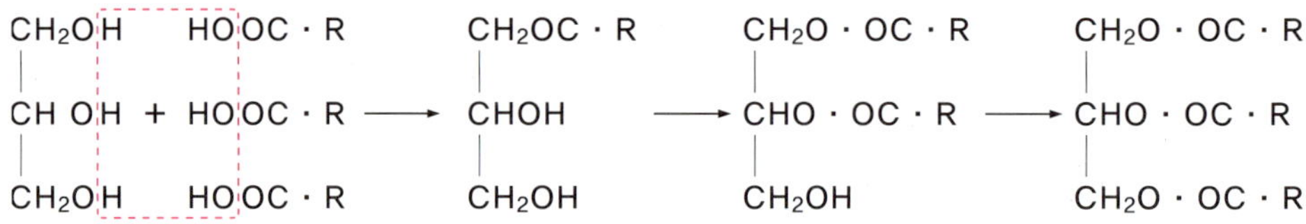

글리세롤 지방산 모노글리세리드 디글리세리드 트리글리세리드

[그림 13-1] 중성지방 구조

2. 유지의 종류

지질은 단순지질, 복합지질 및 유도지질로 나눌 수 있다. 단순지질은 지방산과 알코올이 에스터 결합한 형태로 중성지방, 왁스, 콜레스테롤 에스터 등이 이에 해당되며, 복합지질은 단순지질에 비지방질이 결합된 것으로 인지질, 당지질, 단백지질 등이 포함된다. 유도지질은 단순지질과 복합지질이 가수분해될 때 얻을 수 있는 화합물로 유리지방산, 스테롤, 탄화수소 등이 해당된다.

지방산은 포화지방산과 불포화지방산으로 나눌 수 있다. 포화지방산(saturated fatty acid: SFA)은 구조 내에 이중결합을 가지고 있지 않아 산화에 안정하고, 융점이 높아 실온에서 고체의 형태로 존재하며, 대부분의 동물성 기름이 이에 해당된다. 포화지방산에는 스테아린산(stearic acid)와 팔미트산(palmitic acid) 등이 있다. 불포화지방산(unsaturated fatty acid: UFA)은 이중결합을 1개 이상 가지고 있어 산화에 불안정하며, 융점이 낮아 실온에서 액체의 형태로 존재하는 대부분의 식물성 기름이다. 불포화지방산에는 oleic acid, linoleic acid, linolenic acid 등이 있다. 이중결합이 4개 이상인 지방산은 고도불포화지방산(polyunsaturated fatty acid: PUFA)이라고 한다. 천연에 존재하는 불포화지방산은 모두 시스(cis) 형태이다.

〈표 13-1〉 지방산의 종류, 탄소 수 및 이중결합 수

	명칭	탄소 수	이중결합 수	비고
포화 지방산	뷰티르산(Butyric acid)	4	0	
	카프로산(Caproic acid)	6	0	
	카프릴산(Caprylic acid)	8	0	
	카프르산(Capric acid)	10	0	
	라우르산(Lauric acid)	12	0	
	미리스트산(Myristic acid)	14	0	
	팔미트산(Palmitic acid)	16	0	
	스테아르산(Stearic acid)	18	0	
불포화 지방산	올레산(Oleic acid)	18	1	시스
	엘라이드산(Elaidic acid)	18	1	트랜스
	리놀레산(Linoleic acid)	18	2	필수 지방산
	리놀렌산(Linolenic acid)	18	3	
	아라키돈산(Arachidonic acid)	20	4	
	EPA(Eicosapentaenoic acid)	20	5	오메가-3 지방산
	DHA(Docosahexaenoic acid)	22	6	

불포화지방산을 함유하고 있는 식물성 유지는 산화에 불안정하므로 이와 같은 현상을 억제하기 위해 식물성 유지에 수소를 첨가하는 경화과정을 통해 유지가 산화 안정성을 가질 수 있도록 하였다. 이 과정에서 시스 형태의 지방산이 트랜스(trans) 형태로 전환되는데 트랜스로 변형된 지방산을 가지고 있는 지방을 트랜스지방이 생성되게 된다. 경화유의 대표적인 식품으로는 쇼트닝과 마가린으로 과자류, 빵류, 튀김류 제조 과정에 첨가하게 되면 조직감에 긍정적인 영향을 미치므로 적극적으로 이용되어져 왔지만, 경화유 내에 높은 트랜스지방산의 함량이 문제가

되었다. 트랜스지방산을 섭취하게 될 경우 인체는 트랜스지방산을 구조가 유사한 포화지방산으로 인식하고 포화지방산 섭취에 따른 대사과정이 일어나 HDL-콜레스테롤을 감소시킴에 따라 건강에 부정적인 영향을 미치게 되므로 WHO와 보건복지부에서는 소비자에게 트랜스지방산 섭취를 제한(1일 섭취열량의 1% 미만 섭취)할 것을 강조하고 있다.

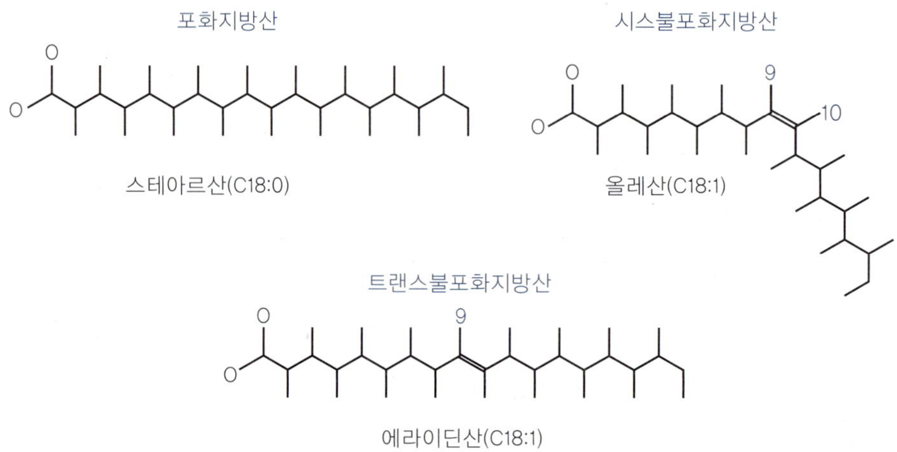

[그림 13-2] 시스, 트랜스지방산

3. 조리 과정 중 유지의 역할

1) 향미의 첨가

유지는 특유의 향미를 가지고 있어 음식의 향미를 돋는 데 많이 사용된다. 특히, 참기름의 향미 성분은 휘발성이므로 조리의 마지막 단계에서 가해야 향미를 강하게 돋울 수 있다. 음식에 유지를 첨가하면 부드러워지고 매끄러워지거나 바삭바삭한 식감을 줄 수 있다.

2) 음식물의 용기 부착 방지

단백질이나 전분 함량이 높은 식품을 프라이팬에 가열하면 단백질은 즉각 변성 응고하고 전분은 호화하므로 활성기가 외부로 노출되어 용기의 재료와 반응을 일으켜 음식물이 용기에 부착하기 쉽다. 이때 용기에 적당량의 유지를 바르면 음식물과 용기 사이에 기름의 막이 형성되어 음식물이 부착되지 못하게 하는 성질이 있다.

3) 열전도체로서의 작용

정제된 유지의 발연점은 200℃가 넘으므로 200℃ 이내의 온도에서 식품을 단시간 내 조리할 수 있는 우수한 열전도체가 된다.

4) 유지의 쇼트닝 작용

밀가루 반죽에 유지를 넣어 음식이 연하고 부드럽게 하는 작용을 쇼트닝 작용이라고 한다. 반죽에 유지를 넣은 음식이 부드러워지는 이유는 물에 용해되지 않는 성질을 가진 지방이 밀가루 반죽에 들어가면 형성된 글루텐 표면에 흡착되어 있는 수분 위에 얇은 막을 형성하거나 작은 덩어리로 흩어져서 글루텐이 길게 성장하거나 형성된 글루텐이 서로 맞닿아 단단하고 질긴 입체적 망상구조를 형성하는 것을 방해하기 때문이다. 이와 같이 유지가 글루텐을 짧게 한다는 뜻에서 short이라는 말을 사용하며, 쇼트닝 작용의 효력은 쇼트닝 파워(shortening power)라고 한다.

쇼트닝 파워는 지방산 종류, 유지의 양, 온도, 첨가물에 따라 영향을 받는다. 포화지방산은 길이가 달라도 물에 떨어뜨렸을 때 물을 덮는 면적이 같으나, 불포화지방산은 같은 탄소 수에 이중결합이 많을수록 더 넓은 면적을 덮는다. 그리고 불포화지방산은 포화지방산보다 액체유의 함량이 높아 밀가루 반죽 내에서 글루텐 표면을 더 쉽고 넓게 덮는다. 따라서 쇼트닝 작용은 포화지방산보다 불포화지방산이 훨씬 크다고 할 수 있다.

유지의 양이 증가할수록 쇼트닝 파워는 높아지고 유지의 온도가 낮으면 잘 퍼지지 못하고 한데 뭉치기 때문에 온도가 높을수록 쇼트닝 작용은 높아진다.

반죽 제조 시 물과 지방을 함께 첨가하는 경우 유화액을 형성하게 되는데, 이때 달걀이 있으면 난황이 유화제 역할을 하여 수중유적형의 유화액을 형성하도록 돕는다. 이와 같이 지방의 일부가 유화액을 형성하면 쇼트닝으로 작용할 양이 감소하므로 기름의 쇼트닝 작용은 감소하게 된다.

5) 크리밍화

가소성이 높고 적당히 부드러운 고체 지방(쇼트닝, 버터, 마가린 등)을 교반하면 공기를 함유하게 되어 부피가 증가하고 하얗게 변하는 것을 크리밍이라고 한다. 크리밍하는 과정 중 포함되는 공기로 인해 제품의 질감 및 조직감도 향상된다.

6) 유화

서로 혼합되지 않는 두 가지 액체 물질이 같이 혼합된 상태를 의미하고 그 종류로는 마요네즈, 샐러드드레싱, 케이크 배터(batter), 치즈 소스, 크림치즈, 크림 수프 등이 있다.

서로 혼합되지 않는 두 물질은 교량 역할을 할 수 있는, 즉 친수성기와 친유성기를 동시에 갖는 유화제를 첨가함으로써 서로 다른 두 액체를 혼합 분산시킬 수 있다. 천연유화제는 난황에 함유되어 있는 레시틴이 대표적이고 이외에 우유 단백질, 젤라틴이 있으며, 인공유화제로는 모노글리세라이드, sorbitan fatty ester, SPANS, TWEENS 등이 있다. 유화제의 친수성과 소수성의 비율은 Hydrophilic-lipophilic balance (HLB) 0~20으로 표현할 수 있는데 0으로 갈수록 친유성에 가까운 유화제이고, 20에 갈수록 친수성에 가까운 유화제를 의미한다.

유화 형태는 수중유적형(oil in water, O/W)과 유중수적형(water in oil, W/O)이

있다. 수중유적형은 연속상인 물에 유지가 분산질로 산포되어 있는 형태로 그 예로는 마요네즈가 있다. 유중수적형은 연속상인 기름에 물이 분산질로 산포되어 있는 형태로 버터와 마가린이 이와 같은 형태이다.

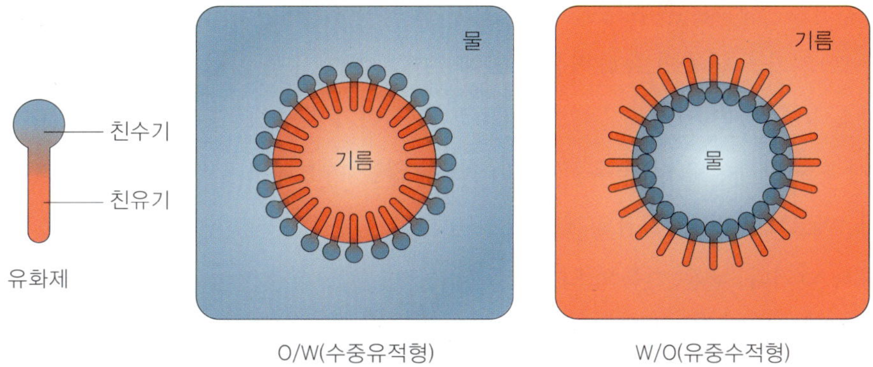

[그림 13-3] 유화제와 유화액의 상태

유화액의 형성 기간에 따라 영구적 유화액, 반영구적 유화액, 일시적인 유화액으로 나눌 수 있다. 영구적 유화액(permanent emulsion)은 유화제를 사용하여 제조할 수 있고, 천연유화제 레시틴을 첨가하여 제조하는 마요네즈가 이에 속한다. 반영구적 유화액은 크림 정도의 점도를 가지며, 높은 점도가 유화액이 분리되는 것을 지연시키는 형태로, 펙틴과 같은 상업적 유화제를 사용한 샐러드드레싱이 이에 포함된다. 일시적 유화액(temporary emulsion)은 혼합하는 순간에만 유화 상태를 유지하는 것으로 같은 분자끼리의 인력이 크고 다른 종류의 분자와는 거의 인력이 없기 때문에 이와 같은 현상이 발생하고 예로는 프렌치드레싱이 있다. 유화액의 안정성은 일정 시간 방치 후 다음과 같은 식에 의해 계산할 수 있다.

유화액 안정성 % = vol. final emulsion / vol. of initial emulsion × 100

대표적인 유화액인 마요네즈 제조 시 첨가되는 부재료에는 식용유와 난황 외에 식초 또는 레몬즙, 향신료를 첨가할 수 있다. 식초는 마요네즈에서 유화를 용이하게 하여 마요네즈를 안정화시키고, 산미를 주며, 방부 효과를 가지게 한다. 레몬즙 또한 강한 신맛과 향기를 부여할 뿐만 아니라 소량 함유되어 있는 펙틴질이 유화액의 안정성을 높이는 역할을 한다. 유화액이 형성된 후에 식초나 레몬즙을 넣으면 유화액이 묽어지고 신맛이 강해지므로 유화액 형성 단계에서 첨가하여 혼합한다. 향신료는 겨자, 후추 등을 사용할 수 있으며, 이들 재료는 마요네즈에 풍미를 돋우고, 겨자는 난황의 유화력을 증가시키며 방부 효과를 나타낸다.

마요네즈를 만들 때 처음에는 유화가 잘 되다가 도중에 원인 모르게 유화가 깨져 계속 교반하여도 다시 유화가 일어나지 않는 마요네즈 분리 현상이 발생할 수 있다. 마요네즈 분리 현상의 원인으로는 처음 넣은 기름의 양이 많았거나, 난황의 선도가 낮거나, 넣은 기름의 양과 젓는 속도가 균형이 잡히지 않았거나, 기름의 온도가 너무 낮아 제대로 분산되지 않았을 경우에 발생하게 된다. 이를 해결하기 위해서는 새 난황 1개에 분리된 마요네즈를 조금씩 넣으면 힘차게 저어 주거나 이미 형성된 마요네즈 1 ts 정도에 분리된 마요네즈를 조금씩 넣어 주면 마요네즈를 재생시킬 수 있다.

4. 유지의 조리

1) 유지의 선택과 관리

고체 유지는 음식을 튀긴 후 식었을 때 기름이 굳어 입안에서의 촉감이 좋지 않으므로 사용하지 않는 것이 좋다. 유지는 산소 접촉, 일광 노출, 금속 그릇에 닿을 시, 고온 가열, 불순물 존재 하에 산화 속도가 증가하게 된다. 그러므로, 유지의 산화를 방지하기 위해서는 음식을 튀기고 난 후 고운 체를 사용하여 유지를 걸러 음식 부스러기가 하나도 없도록 하여 차고 어두운 곳에 저장하는 것이 좋다.

2) 튀김 온도와 시간

음식의 겉 표면만 가열해도 되는 음식은 고온에서 단시간 튀기는 것이 적합하다. 예를 들면, 감자나 생선을 그대로 튀길 때와 탈수를 목적으로 할 때에는 재료에 튀김옷을 씌우지 않거나 전분을 약간 발라서 튀기는 방법을 선택한다. 그러나 내부까지 충분히 열이 가해져야 하는 음식은 낮은 온도에서 장시간 가열해야 하는 방법을 선택해야 한다. 재료의 수분을 증발시키지 않음으로써 질을 유지하고자 할 때에는 수분이 많은 튀김옷을 입혀 튀김옷을 통하여 열이 내부 재료까지 전달되어 재료는 익으면서 튀김옷의 수분만 증발하도록 한다.

3) 튀김 중 유지의 변화

유지를 가열하면 지방분자들이 결합하여 긴 사슬을 만들어 중합체를 형성하므로 유지의 점도가 증가하고, 불포화지방산은 고리화합물을 형성하므로 거품을 생성하는 등 유지는 열에 의하여 분해 · 중합 · 산화되어 인체에 좋지 않은 여러 가지 물질을 형성한다.

유지가 적당한 온도로 가열되었을 때 튀길 재료를 넣으면 재료의 온도가 낮은 것과 동시에 재료에 존재하는 수분이 증발함으로 인하여 기화열을 빼앗기므로 기름 온도가 일단 저하된다. 튀김 재료를 적게 넣었을 때는 불을 강하게 하면 즉각 온도가 회복되나 재료를 많이 넣으면 온도가 회복되지 않은 채 낮은 온도에서 음식을 튀기게 된다. 그러므로 튀기는 기름의 온도를 적온으로 유지하기 위해서 튀김 재료의 종류에 따라 적정량을 넣어 튀겨야 한다. 유지는 일정 온도에 달했을 때 글리세롤과 지방산으로 분해되기 시작하여 유지 내 이 두 물질의 함량이 증가하게 되고 글리세롤에서 2분자의 수분이 분리되어 아크롤레인이 된 후 푸른 연기로 휘발하는데, 푸른 연기가 나기 시작하는 온도를 발연점이라 한다.

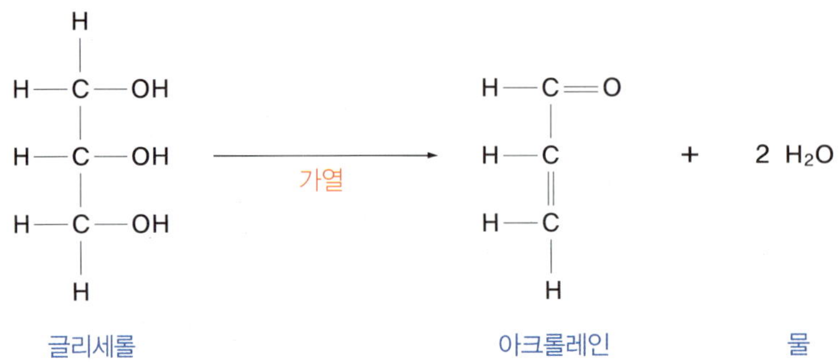

[그림 13-4] 아크롤레인의 생성 과정

음식을 튀길 때 튀기는 음식 주위에 큰 거품이 조금 생기고 그릇의 주위에 작은 거품이 조금 생겼다가 음식을 꺼낸 후 수초 이내에 거품이 없어지면 그 유지는 아직 피로하지 않은 상태이므로 계속 사용 가능하지만, 유지가 차차 피로해지면 음식을 유지에 넣었을 때 작은 거품이 기름의 전면에 퍼지면서 부글부글 끓어오른다. 음식을 꺼낸 후에도 거품이 한동안 없어지지 않으면 완전 피로한 상태이므로 사용하지 않는 것이 좋다. 유지의 피로는 기름의 면적이 넓을수록, 그리고 가열 온도가 높을수록 쉽게 발생하게 된다.

생선이나 육류 같은 단백질을 다량 함유하고 있는 음식을 튀기면 단백질이 열에 의하여 분해되어 생긴 아미노산과 지방이 분해되어 생긴 지방산이 결합하는 아미노-카르보닐 반응에 의하여 생긴 물질 때문에 쉽게 유지는 갈변화 반응이 일어나게 된다.

4) 튀김옷의 재료

튀김옷의 재료로는 박력분이 적합하며, 중력분을 사용할 경우 밀가루의 10~15%를 녹말로 대치하여 박력분과 비슷한 비율로 글루텐 함량을 희석시켜 사용할 수 있다. 또한, 물의 1/3~1/4 정도를 달걀로 대체하면 맛이 좋아지고 튀김옷이 연해진다. 달걀은 물에 잘 용해되고 단백질과 지질이 존재하므로 글루텐 형성이 잘 되지 않으며, 달걀 단백질이 열에 의하여 응고될 때 수분을 방출하므로 음식이 바싹 튀겨지게 한다. 밀가루 무게의 0.2%가량의 중조를 넣으면 가열 중 이산화탄소를 발생하면서 동시에 수분도 다량 증발하므로 튀김옷의 수분 함량이 적어져 가볍게 튀겨지게 된다. 소량의 설탕을 넣으면 튀김옷의 색이 적당하게 갈색으로 변하고 튀김옷이 연해지고 바삭바삭해지고, 반죽에 첨가하는 물은 15℃일 때 글루텐이 쉽게 수화되지 않고 글루텐의 형성도 잘 안 되며, 튀길 때 탈수가 잘되므로 빨리 떠오르고 연하게 튀겨진다. 수온이 30℃일 때 단백질의 수화력이 증가하여 튀김 재료를 튀김옷에 담그기 전에 튀김옷의 점도가 높아져 두께가 두꺼워지고 탈수가 잘 안 되어 바싹 튀겨지지 않고, 수온이 2℃일 때에는 튀김옷의 온도가 너무 낮아 탈수가 늦어져 바싹 튀겨지지 않게 된다.

실험 13-1 검을 이용한 저열량 마요네즈의 제조

〈실험목적〉

검을 지방대체 물질로 이용한 저열량 마요네즈를 제조하고, 마요네즈의 유화 안정성을 비교할 수 있다.

〈실험재료 및 분량〉

재료	대조군	구아검 (Guar gum)	소듐 알기네이트 (Sodium alginate)	잔탄검 (Xanthan gum)
난황	5.0 g	5.0 g	5.0 g	5.0 g
대두유	78.5 g	40.0 g	40.0 g	40.0 g
식초	3.0 g	3.0 g	3.0 g	3.0 g
소금	1.5 g	1.5 g	1.5 g	1.5 g
설탕	1.0 g	1.0 g	1.0 g	1.0 g
검	0.0 g	1.0 g	1.2 g	1.0 g
물	11.0 g	48.5 g	48.3 g	48.5 g
합계	100.0 g	100.0 g	100.0 g	100.0 g

〈실험기기 및 기구〉

핸드 믹서기, 볼, 저울

〈실험방법〉

1. 마요네즈 제조

① 각각의 마요네즈 제조를 위해 각 군에 포함된 재료 중량의 2배를 측정한다(저장 0일과 7일의 유화 안정성 측정을 위해).

② 난황을 핸드 믹서기로 저속으로 교반하며 대두유를 천천히 주입하여 총 3분 30초 동안 예비 교반한다.

③ 물에 설탕, 소금, 검, 식초를 가한 후 중속으로 2분간 마무리 교반하여 유화를 완료한다.

2. 제조한 마요네즈의 유화 안정성 측정

(1) 점도 측정

① 제조일과 7일 후 시료 100 g의 시료를 비커에 취하여 점도계로 측정한다.

(2) 탁도 측정

① 제조일과 7일 후 시료 0.05 g을 100 mL 삼각플라스크에 취하여 0.1% sodium dodecyl sulfate(SDS) 용액을 1:1,000의 비율로 희석한 다음 호모게나이저(homogenizer) 또는 전기 믹서로 3분간 교반한다.

② 1시간 동안 방치한 후 분광광도계로 500nm에서 흡광도를 측정하여 탁도로 나타낸다.

(3) 기름의 분리도 측정

① 제조일과 7일 후 시료 40 g을 원심분리 튜브에 취하여 원심분리기로 1,960×g에서 30분간 원심분리하며, 이때 분리되는 기름의 양을 측정한다.

〈실험결과〉

표 점도 측정

저장일	대조군	Guar gum	Sodium alginate	Xanthan gum
0일				
7일				

표 탁도 측정

	대조군	Guar gum	Sodium alginate	Xanthan gum
0일				
7일				

표 기름의 분리도 측정

	대조군	Guar gum	Sodium alginate	Xanthan gum
0일				
7일				

〈실험고찰〉

1. 마요네즈 제조 당일과 1주일 저장 후에 대조군과 검 첨가 마요네즈의 점도, 탁도, 기름의 분리도에는 차이가 있는가?

2. 검물질을 첨가한 마요네즈 생산의 장단점에 대해 생각해 보시오.

실험 13-2

지방의 종류와 양을 달리한 머핀의 품질 비교

〈실험목적〉

머핀을 만드는 표준 과정 및 올바른 평가법을 익히고 지방의 종류가 머핀의 조직, 질감, 맛에 미치는 영향을 알 수 있다.

〈실험재료 및 분량〉

재료	버터/대두유/쇼트닝 첨가군	저용량 버터 첨가군	고용량 버터 첨가군
박력분	80 g	80 g	80 g
버터/대두유/쇼트닝	40 g	20 g	80 g
설탕	40 g	40 g	40 g
달걀	1개	1개	1개
베이킹파우더	2 g	2 g	2 g
우유	25 g	25 g	25 g
소금	2 g	2 g	2 g

〈실험기기 및 기구〉

저울, 체, 나무 주걱, 거품기 또는 핸드 믹서기, 볼, 베이킹 컵(소), 오븐

〈실험방법〉

① 밀가루에 베이킹파우더를 넣고 체 친다.

② 실온에 두어 말랑해진 버터는 거품기를 이용해 크림화 시킨다.

③ 분량의 설탕을 2~3번 넣어가며 설탕의 서걱거림이 없을 때까지 섞는다.

④ 달걀을 넣어 분리 현상이 일어나지 않게 잘 섞는다.

⑤ ④에 체를 친 가루를 넣고 100회 젓는다.

⑥ 반죽에 우유를 넣고 우유가 스며들 정도로만 섞는다.

⑦ 반죽의 적당량을 베이킹 컵에 담아 180℃ 오븐에서 15~20분 정도 구운 후 대조군과 다른 머핀을 관능검사 순위법을 통해 비교해 본다.

〈실험결과〉

표 유지 종류를 달리한 머핀의 품질 특성 비교

	외관	외부 색	부드러운 정도	촉촉한 정도	맛
대조군					
버터 첨가군					
식용유 첨가군					
쇼트닝 첨가군					

표 유지 양을 달리한 머핀의 품질 특성 비교

	외관	외부 색	부드러운 정도	촉촉한 정도	맛
대조군					
저용량 버터 첨가군 (20 g)					
기본량 버터 첨가군 (40 g)					
고용량 버터 첨가군 (80 g)					

〈실험고찰〉

1. 머핀 제조 시 지방, 설탕, 달걀, 반죽 횟수가 미치는 영향에 대해 생각해 봅시다.

참고문헌

강경심 · 윤재영 · 이진미 · 최영진 · 최은정(2018). 조리원리. 서울: 창지사.

강근옥 · 김성옥(2013). 조리과학-이론 및 실험. 서울: 효일.

김광옥 · 김상숙 · 성내경 · 이영춘(1997). 관능검사 방법 및 응용. 서울: 신광출판사.

김광옥 · 이영춘(1998). 식품의 관능검사. 서울: 학연사.

김미리 · 이미숙 · 이영은 · 권순자 · 문보경 · 이정희(2015). 핵심원리 이해를 위한 실험조리. 서울: 파워북.

김완수 · 신말식 · 정해정 · 이경애 · 김미정(2006). 조리과학 및 실험. 서울: 라이프사이언스.

김현주 · 이선미 · 이선희 · 최진영 · 한성희 · 황자영(2016). 에센스 실험조리 (개정판). 경기: 지구문화사.

김현주 · 이선미 · 최진영 · 한성의 · 황자영(2013). 에센스 실험조리. 경기: 지구문화사.

류지나 · 정준호 · 이수용 · 고상훈(2012). 경도가 동일한 한천 및 젤라틴 젤의 이화학적 특성 비교. 산업식품공학, 16(1), 14-19.

배영희 · 박혜원 · 박희옥 · 정혜정 · 최은정 · 채인숙(2003). 조리응용을 위한 식품과 조리과학. 경기: 교문사.

송태희 · 우인애 · 손정우 · 오세인 · 신승미(2017). 이해하기 쉬운 조리과학 (제2판). 경기: 교문사.

신말식 · 이경애 · 김미정 · 김재숙 · 황자영(2009). 조리과학. 서울: 파워북.

신민자 · 정재홍 · 김정숙 · 강명수 · 정두례 · 최원경 · 최성웅 · 강창수(2001). 식품조리원리. 경기: 광문각.

오세인 · 우인애 · 이병순 · 김동희 · 송태희 · 백재은(2016). 한눈에 보이는 실험조리 (제3판). 경기: 교문사.

윤계순 · 류은순 · 이명희 · 민성희 · 신원선 · 정혜정 · 김지향 · 박옥진(2010). 새로 쓴 조리원리실습. 서울: 수학사.

이미옥 · 송영선(2003). 검을 이용한 저열량 마요네즈의 제조 및 유화안정성. 한국식품영양과학회지, 32(1), 82-88.

이용미 · 류은순(2008). 청국장 분말 첨가 패티의 이화학적 및 관능적 특성. 한국식품조리과학회지, 24(6), 742-747.

이주희 · 김미리 · 민혜선 · 이영은 · 송은송 · 권순자 · 김미정 · 송효남(2008). 과학으로 풀어 쓴 식품과 조리원리. 경기: 교문사.

정은자 · 서정숙 · 김옥경(2012). 실험조리 (개정판). 서울: 효일.

정해정 · 최일숙 · 이영승 · 최해연 · 장윤혁 · 주신윤(2017). 실험으로 배우는 조리과학. 서울: 라이프사이언스.

조경련 · 조신호 · 김영순 · 주난영 · 정현숙 · 송미란(2009). Flow chart와 함께하는 실험조리과학. 경기: 교문사.

한국식품조리과학회 편(2007). 식품조리과학용어사전. 경기: 교문사.

한국어육연제품공업협동조합. 어육가공품(어육류)의 HACCP 계획. 한국식품안전관리인증원.

한국조리과학회(2003). 조리과학용어사전. 경기: 교문사.

Cherry & McWatters(1981). "Protein Functionality in Foods," ACS Symposium 147. Copyright 1981 American Chemical Society.

Harry T. Lawless, Hildegarde Heymann(1998). *Sensory evaluation of food principles amd practices*. Chapman & Hall.

Herbert Stone & Joel L. Sidel(1993). *Sensory evaluation practices*. Academic Press, Inc

KREI(2012). Agricultural Outlook 2012. Korea Rural Economic Institute.

Margaret McWilliams(2001). 식품과 조리과학. *Foods: experimental perspectives*. (신말식 · 김완수 · 이경애 · 김미정 · 윤혜현 · 김성란 공역). 서울: 라이프사이언스. (원서 1989 출판).

Morten Meilgaard, Gail Vance Civille, & B. Thomas Carr(1987). *Sensory Evaluation Techniques*. CRC Press, Inc.

Peter Barham(2002). 요리의 과학. *The Science of Cooking*. (이충호 역). 경기: 도서출판 한승. (원서 2001 출판).

杉田浩一(2000). 부엌에서 읽는 과학이야기(생활 속 과학읽기). 調理のコツの科学. (김태호 역). 서울: 아카데미서적. (원서 1996 출판).

http://cfile4.uf.tistory.com/image/99229B505A5B6BB4292290

http://report.kyobobook.co.kr/view/10922660 구글, "종자치환법"

http://thiemt.com/

http://www.foodtower.net/bbs/view.php?id=pds&no=16

http://www.mtrace.go.kr/informationPartUse.jsp

http://www.sensoryanalysis.com/about/facilities/manhattan.html

저 / 자 / 소 / 개

정복미 전남대학교 식품영양과학부 교수

정난희 전남대학교 가정교육과 교수

안정희 강서대학교 식품영양학과 교수

김미혜 호서대학교 식품영양학과 교수

박재희 경남대학교 식품영양학과 교수

2판

실험조리

초 판 1쇄 발행 2019년 8월 22일
제2판 1쇄 발행 2023년 2월 17일

지 은 이 | 정복미·정난희·안정희·김미혜·박재희
펴 낸 이 | 김기섭
편 집 인 | 이윤희
펴 낸 곳 | 창지사 www.changjisa.com
08589 서울시 금천구 가산디지털 1로 83 파트너스타워 1차 9층
전화 (02)719-2211~3
팩스 (02)701-9386
등 록 | 1977년 4월 28일 · 제1-421호

ISBN 978-89-426-1595-7 (93590)

값 20,000원